FLEXIBEL AUTOMATISIERTE MONTAGE
HOCHPOLIGER RUNDKABEL

Von der Fakultät Konstruktions- und Fertigungstechnik
der Universität Stuttgart zur Erlangung
der Würde eines Doktor-Ingenieurs (Dr.-Ing.)
genehmigte Abhandlung

vorgelegt von
Dipl.-Ing. Ralf Cramer
aus Limburgerhof

Hauptberichter: Prof. Dr.-Ing. H.J. Warnecke
Mitberichter: Prof. Dipl.-Ing. A. Jung

Tag der Einreichung: 18. Mai 1994
Tag der mündlichen Prüfung: 03. November 1994

Ralf Cramer

Flexibel automatisierte Montage hochpoliger Rundkabel

Mit 59 Abbildungen

Springer-Verlag
Berlin Heidelberg New York
London Paris Tokyo
Hong Kong Barcelona
Budapest 1995

Dipl.-Ing. Ralf Cramer

Fraunhofer-Institut für Produktionstechnik und Automatisierung (IPA), Stuttgart

Prof. Dr.-Ing. Dr. h. c. Dr.-Ing. E. h. H. J. Warnecke

o. Professor an der Universität Stuttgart

Fraunhofer-Institut für Produktionstechnik und Automatisierung (IPA), Stuttgart

Prof. Dr.-Ing. habil. Dr. h. c. H.-J. Bullinger

o. Professor an der Universität Stuttgart

Fraunhofer-Institut für Arbeitswirtschaft und Organisation (IAO), Stuttgart

D 93

ISBN-13: 978-3-540-58979-2   e-ISBN-13: 978-3-642-47961-8

DOI: 10.1007/978-3-642-47961-8

Gesamtherstellung: Copydruck GmbH, Heimsheim
SPIN 10496601   62/3020-6 5 4 3 2 1 0

Geleitwort der Herausgeber

Über den Erfolg und das Bestehen von Unternehmen in einer markt-
wirtschaftlichen Ordnung entscheidet letztendlich der Absatzmarkt.
Das bedeutet, möglichst frühzeitig absatzmarktorientierte Anforderungen sowie deren Veränderungen zu erkennen und darauf zu reagieren.

Neue Technologien und Werkstoffe ermöglichen neue Produkte und er-
öffnen neue Märkte. Die neuen Produktions- und Informationstechno-
logien verwandeln signifikant und nachhaltig unsere industrielle
Arbeitswelt. Politische und gesellschaftliche Veränderungen signa-
lisieren und begleiten dabei einen Wertewandel, der auch in unse-
ren Industriebetrieben deutlichen Niederschlag findet.

Die Aufgaben des Produktionsmanagements sind vielfältiger und an-
spruchsvoller geworden. Die Integration des europäischen Marktes,
die Globalisierung vieler Industrien, die zunehmende Innovations-
geschwindigkeit, die Entwicklung zur Freizeitgesellschaft und die
übergreifenden ökologischen und sozialen Probleme, zu deren Lösung
die Wirtschaft ihren Beitrag leisten muß, erfordern von den Füh-
rungskräften erweiterte Perspektiven und Antworten, die über den
Fokus traditionellen Produktionsmanagements deutlich hinausgehen.

Neue Formen der Arbeitsorganisation im indirekten und direkten
Bereich sind heute schon feste Bestandteile innovativer Unternehmen. Die Entkopplung der Arbeitszeit von der Betriebszeit, integrierte Planungsansätze sowie der Aufbau dezentraler Strukturen
sind nur einige der Konzepte, die die aktuellen Entwicklungsrich-
tungen kennzeichnen. Erfreulich ist der Trend, immer mehr den Men-
schen in den Mittelpunkt der Arbeitsgestaltung zu stellen - die
traditionell eher technokratisch akzentuierten Ansätze weichen einer stärkeren Human- und Organisationsorientierung. Qualifizie-
rungsprogramme, Training und andere Formen der Mitarbeiterent-
wicklung gewinnen als Differenzierungsmerkmal und als Zukunftsin-
vestition in *Human Recources* an strategischer Bedeutung.

Von wissenschaftlicher Seite muß dieses Bemühen durch die Entwicklung von Methoden und Vorgehensweisen zur systematischen
Analyse und Verbesserung des Systems Produktionsbetrieb ein-
schließlich der erforderlichen Dienstleistungsfunktionen unter-
stützt werden. Die Ingenieure sind hier gefordert, in enger Zusammenarbeit mit anderen Disziplinen, z.B. der Informatik, der Wirt-
schaftswissenschaften und der Arbeitswissenschaft, Lösungen zu er-
arbeiten, die den veränderten Randbedingungen Rechnung tragen.

Die von den Herausgebern geleiteten Institute, das

- Institut für Industrielle Fertigung und Fabrikbetrieb der
  Universität Stuttgart (IFF),

- Institut für Arbeitswissenschaft und Technologiemanagement (IAT)

- Fraunhofer-Institut für Produktionstechnik und Automatisierung
  (IPA),

- Fraunhofer-Institut für Arbeitswirtschaft und Organisation (IAO)

arbeiten in grundlegender und angewandter Forschung intensiv an
den oben aufgezeigten Entwicklungen mit. Die Ausstattung der
Labors und die Qualifikation der Mitarbeiter haben bereits in der
Vergangenheit zu Forschungsergebnissen geführt, die für die Praxis
von großem Wert waren. Zur Umsetzung gewonnener Erkenntnisse wird
die Schriftenreihe "IPA-IAO - Forschung und Praxis" herausgegeben.
Der vorliegende Band setzt diese Reihe fort. Eine Übersicht über
bisher erschienene Titel wird am Schluß dieses Buches gegeben.

Dem Verfasser sei für die geleistete Arbeit gedankt, dem Springer-
Verlag für die Aufnahme dieser Schriftenreihe in seine Angebots-
palette und der Druckerei für saubere und zügige Ausführung. Möge
das Buch von der Fachwelt gut aufgenommen werden.

                              H.J. Warnecke   H.-J. Bullinger

Vorwort

Die vorliegende Arbeit entstand während meiner Tätigkeit als wissenschaftlicher Mitarbeiter am Fraunhofer-Institut für Produktionstechnik und Automatisierung (IPA), Stuttgart.

Mein besonderer Dank gilt Herrn Prof. Dr. h.c. mult. Dr.-Ing. H.J. Warnecke für die großzügige Unterstützung und Förderung, die zum erfolgreichen Gelingen der Arbeit beigetragen haben.

Herrn Prof. Dipl.-Ing. A. Jung danke ich für die Übernahme des Mitberichtes sowie für die wertvollen Hinweise, die sich daraus ergeben haben.

Für die Unterstützung durch viele Anregungen und konstruktive Kritik möchte ich aus dem Kreis der Kolleginnen und Kollegen des Institutes in besonderem Maße Herrn Dr.-Ing. S. Koller, Herrn Dipl.-Ing. V. Beck, Herrn Dr.-Ing. M. Schweizer sowie Herrn Prof. Dr.-Ing. R.D. Schraft danken. Ausgesprochen wertvoll war mir die Zusammenarbeit mit Herrn Dr.-Ing. H. Emmerich. Mein Dank gilt auch allen Studenten, Diplomanden und Praktikanten, die an dieser Arbeit mitgewirkt haben.

Meinen Eltern danke ich für die Voraussetzungen, die sie mir zur Durchführung dieser Arbeit geschaffen haben.

Stuttgart, im November 1994   Ralf Cramer

0   <u>Abkürzungen und Formelzeichen</u>

<u>Großbuchstaben</u>

$A_{1/2}$	mm²	Kolbenstangenfläche erste / zweite Seite
ALU	-	Aluminium
AS1/i	-	i-te Anschlußstelle erste Seite
AS2/i	-	i-te Anschlußstelle zweite Seite
AV	mm	Achsverschiebung der Ader
BAPS	-	Bewegungs- und Ablaufprogrammiersprache
CAN	-	Controller Area Network
CCD	-	Charge Coupled Device
D_R	mm	Rollendurchmesser
D/A	-	Digital/Analog
DC	-	Direct Current
DMS	-	Dehnmeßstreifen
EPDM	-	Ethylen-Propylen-Dien-Kautschuk
F	N	Kraft (allgemein)
F_D	N	Druckkraft in der Vereinzelungsphase I
F_{Derf}	N	erforderliche Druckkraft in der Vereinzelungsphase I
F_F	N	Federkraft
F_n	N	Normalkraft an der Ader
F_R	N	Rückzugskraft
F_{RAi}	N	Resultierende Reaktionskraft an der Ader i
F_r	N	Reibkraft der Ader an der Auflagefläche
F_{WZG}	N	Gewichtskraft des Vereinzelungswerkzeuges
G	1/°	Glättung der Nutfunktion
GF	mm	Geometriefaktor
GV	-	Geschwindigkeitsverhältnis
GWZG	-	Greifwerkzeug
HHG	-	Handhabungsgerät
I	A	elektrische Stromstärke
IR	-	Industrieroboter
Kfz	-	Kraftfahrzeug
L_i	mm	Bogenlänge der i-ten Nutfunktion
MCL	-	Machine Control Language
MM	-	Montagemodul

NFZ	-	Anzahl Fahrzyklen
NSZ	-	Anzahl Sortierzyklen
P	-	Polzahl des Endverbinders
P_W	-	Wendepunkt
PA	-	Polyamid
PE	-	Polyethylen
PTFE	-	Polytetrafluorethylen
PTP	-	Point to Point
PVC	-	Polyvinylchlorid
R	Ω	elektrischer Widerstand
$R_i(x)$	mm	Krümmungsradius der i-ten Nutfunktion
S	-	Schnittpunkt der Nutkanten von i-ter und (i-1)-ter Nut
SCARA	-	Selective Compliance Assembly Robot Arm
SKE	-	Schneidklemmelement
Stck	-	Stückzahl
SZ	-	Sortierzyklus
T	s	Bewegungszeit
$T_{\Delta WT}$	s	Bewegungszeit für Wegdifferenz der Werkstückträger
T_{AB}	s	Zeitanteil zum Ablegen der Ader
T_{GR}	s	Zeitanteil zum Greifen der Ader
T_{rA}	s	Bewegungszeit für Wegdifferenz zweier benachbarter Adern
$T_{\bar{s}}$	s	Bewegungszeit für mittleren Fahrweg
$T_{I,II,III,IV,V}$	s	Taktzeit des gesamten Sortiervorganges
TDM	DM	Tausend Deutsche Mark
U	V	elektrische Spannung
VWZG	-	Vereinzelungswerkzeug
WT	-	Werkstückträger
WT1/i	-	i-ter Platz auf erstem Werkstückträger
WT2/i	-	i-ter Platz auf zweitem Werkstückträger
ZA	-	Zwischenablage

Kleinbuchstaben

| a_A | mm | Achsabstand der Adern in Vereinzelungsphase II |
| a_I | mm | Abstand zwischen Mittellinie und Adermitte am Ende der Phase I |

a_{III}	mm	Abstand zwischen Mittellinie und Adermitte am Ende der Phase III
a_{i0}	mm	Nutkoeffizient 0. Ordnung
a_{i1}	-	Nutkoeffizient 1. Ordnung
a_{i2}	1/mm	Nutkoeffizient 2. Ordnung
a_{i3}	1/mm²	Nutkoeffizient 3. Ordnung
b	mm	Bogenlänge einer Ader
b_N	mm	Nutbreite in der Vereinzelungsphase I
b_{WT}	mm	Breite des Werkstückträgers
c_F	N/mm	Federkonstante
d_A	mm	Aderdurchmesser
det	-	Determinante
$f_1(x)$	mm	Ersatzfunktion der i-ten Nut
$f_2(x)$	mm	Ersatzfunktion der (i-1)-ten Nut
$f_i(x)$	mm	Nutfunktion der i-ten Nut
h	mm	Schlaglänge
k	-	Lage der Verseilung
$k_i(x)$	1/mm	Krümmung der i-ten Nutfunktion an der Stelle x
l	mm	Werkstückträgerlänge Phase II+III
l_{ab}	mm	Abmantellänge des Kabels
$l_{I,II,III}$	mm	Länge der Vereinzelungsmodule in der Phase I,II oder III
l_{WT}	mm	Länge des Werkstückträgers (Phase I, II, III)
p_{zyl}	N/mm²	Zylinderdruck
q_L	mm²	Leiterquerschnitt
r_A	mm	Rastabstand der Adern am Ende der Vereinzelungsphase III
s	mm	Rückzugsweg
$\bar{s}$	mm	mittlerer Fahrweg
s_0	mm	Auslenkung der Feder im Gleichgewichtszustand
s_1	mm	Auslenkung der Vereinzelungsrolle bei Aderaustritt aus der Nut
s_k	mm	kritische Wegdifferenz
t	s	Zeit
u	mm	Aderüberstandslänge
v	m/s	Signalgeschwindigkeit
v_{RR}	m/s	Rotationsgeschwindigkeit der Vereinzelungsrolle
v_{TR}	m/s	Translationsgeschwindigkeit der Vereinzelungsrolle
x_{Rmin}	mm	Funktionsstelle mit minimalem Krümmungsradius

x_0	mm	Berührstelle von Ader und Vereinzelungsrolle
x_W	mm	Wendestelle der Nutfunktion

Griechische Buchstaben

α	°	Anordnungswinkel zweier benachbarter Adern
$\alpha_{I,II,III}$	°	Orientierungswinkel der Ader in der Vereinzelungsphase I,II oder III
β_1, β_2	°	Nutwinkel bei unstetigem Phasenübergang
$\Delta b_{k,k+1}$	mm	Aderlängendifferenz zweier benachbarter Aderlagen
ΔL	mm	Bogenlängendifferenz
Δl	mm	zulässige Längendifferenz
Δs	mm	Relativbewegung zwischen Positionierrolle und Aufhängung
Δt	s	Signaltoleranz im Zeitbereich
ΔWT	mm	Abstand zweier Werkstückträger
ρ	°	Reibwinkel
$\varphi_i(x)$	°	Nutwinkel der i-ten Nut an der Stelle x
φ_k	°	kritischer Nutwinkel
φ_{k^*}	°	Nutwinkel bei Kraftanstieg
μ	-	Gleitreibungskoeffizient
μ_0	-	Haftreibungskoeffizient
θ	rad	Drehwinkel des Einheitskreises
ω_R	1/min	Winkelgeschwindigkeit der Rolle

Häufig verwendete Indizes

i	-	Nutindex
j,m,k,p,q	-	Zählvariablen
max	-	maximal
min	-	minimal
n	-	Aderzahl
A	-	Ader
R	-	Rolle
x,y,z		Achsbezeichnungen

1 Einleitung

1.1 Problemstellung

Der Bereich der Montage weist in der industriellen Produktion nach wie vor große Rationalisierungspotentiale auf /1, 2, 3/. Die Veränderungen des Konsumverhaltens und der Wandel vom Anbieter- zum Käufermarkt haben direkte Auswirkungen auf den Produktionsprozeß und zwingen die Unternehmungen flexibler am Markt zu agieren. Dadurch werden die Betriebe mit kürzeren Produktlebenszyklen, steigenden Typen- und Variantenzahlen sowie kürzeren Lieferzeiten, die wiederum kürzere Durchlaufzeiten der Produkte erfordern, konfrontiert.

Ein großes Rationalisierungspotential existiert in der Kabelkonfektionsbranche, die noch heute einen hohen Anteil an manuellen Montagetätigkeiten und langen Durchlaufzeiten aufweist, bedingt durch einen hohen Anteil an Liegezeiten im Vergleich zur gesamten Fertigungszeit /4/. Aufgrund stetig wachsender Lohnkosten wird der Industriestandort Deutschland durch Verlagerung von Produktionsstätten in Niedriglohnländer in der Kabelkonfektionsbranche zunehmend geschwächt, was eine Höherautomatisierung der Kabelkonfektion zwingend notwendig werden läßt. Die Senkung der Montagekosten bei verbesserter Qualität ist für diesen Industriezweig eine unabdingbare Maßnahme, um zukünftig im internationalen Wettbewerb auch weiterhin bestehen zu können.

Eine Höherautomatisierung in diesem Bereich wird jedoch weitgehend durch

- biegeschlaffes Verhalten der Kabel und deren Adern,
- fehlende gerätetechnische Lösungen,
- fehlende automatisierungsgerechte Produktgestaltung,
- Miniaturisierung der Fügeteile,
- hohe Typen- und Variantenvielfalt und
- kleine Losgrößen

erschwert /5/.

Es existieren Konfektioniermaschinen zur Verarbeitung von 2- und 3-poligen Netzkabeln, die jedoch nur für ein eng eingegrenztes Produktspektrum in hohen Stückzahlen und großen Losgrößen zugeschnitten sind. Anlagen zur flexiblen Montage von Kabelsätzen hochpoliger Rundkabel sind aufgrund fehlender gerätetechnischer Lösungen nicht verfügbar.

Der Einsatz von Industrierobotern ermöglicht eine Höherautomatisierung unter Berücksichtigung der geforderten Flexibilität /6/. Dies wird von Untersuchungen und Studien bestätigt, wonach die Montage mit 6918 eingesetzten Industrierobotern in der Bundesrepublik als Anwendungsgebiet den größten Anteil hat /7/.

Der automatischen Montage von biegeschlaffen Teilen sind heute noch enge Grenzen gesetzt /8/, da insbesondere für die Handhabung der Teile technische Lösungen am Markt fehlen /9, 10/. Nur wenige Problemstellungen, wie z.B. in /11, 12, 13/ beschrieben, sind bisher gelöst.

1.2   Zielsetzung und Vorgehensweise

Für die automatische Terminierung hochpoliger Rundkabel, in der Umgangssprache auch Konfektionierung genannt, existieren bisher keine wissenschaftlichen Grundlagen und Lösungsansätze. Während für die flexible Montage von Leitungssätzen, bestehend aus Einzelleitungen, bereits ein begrenzter Umfang /14...18/ an Grundlagenwissen vorhanden ist, besteht in der Kabelsatzmontage ein Defizit an Erkenntnissen über die bestehenden montagetechnischen Automatisierungshemmnisse und über Lösungsansätze zu ihrer Beseitigung.

Ziel dieser Arbeit ist die systematische Erarbeitung von Grundlagen über die handhabungs- und montagetechnischen Eigenschaften von Kabeln und deren Einzeladern. Einsatzmöglichkeiten, technische Randbedingungen und Einsatzgrenzen der flexibel automatisierten Terminierung hochpoliger Rundkabel sind zu untersuchen. Weiterhin sollen Verfahren und Werkzeuge für Montagevorgänge entwickelt werden, die sich bisher einer Automatisierung entzogen haben.

Eine eingehende Analyse an Montagearbeitsplätzen in der Konfektion von hochpoligen Rundkabeln soll es ermöglichen, die Anforderungen und den Bedarf an flexibel automatisierten Systemen zu erfassen. Untersuchungsschwerpunkte sind hier branchenneutrale Kabelsatzkomponenten, Verbindungstechniken sowie deren Produktionskenngrößen. Die einzelnen Montagevorgänge werden analysiert und anschließend in branchenübergreifende Teilverrichtungen unterteilt. Aus den Ergebnissen der Analyse und unter Berücksichtigung des Standes der Technik werden Entwicklungsschwerpunkte für ein System zur flexiblen Terminierung von Rundkabeln festgelegt. Für Teilsysteme, die unter technischen Gesichtspunkten kritisch sind und nicht dem Stand der Technik angehören, werden Lösungen konzipiert und entwickelt.

Nach der Erarbeitung von theoretischen Grundlagen soll mit Hilfe von Versuchsträgern die technische Machbarkeit der ausgewählten Lösungskonzepte nachgewiesen werden. Ergebnisse von experimentellen Untersuchungen, in denen wichtige Prozeßparameter bestimmt werden, bilden die Grundlage für eine optimale Auslegung der Werkzeuge und Vorrichtungen. Es werden alternative Gesamtsysteme zur Montage von Kabelsätzen durch die Integration der entwickelten Teilsysteme in Abhängigkeit von branchen- bzw. produktspezifischen Randbedingungen konzipiert.

Basierend auf den branchenübergreifend entwickelten Versuchsträgern werden für ein ausgewähltes Produktspektrum Teilsysteme in einer Pilotanlage zur flexibel automatisierten Terminierung hochpoliger Rundkabel zusammengefaßt. Somit können Aussagen bezüglich der Einsatzfähigkeit im industriellen Betrieb unter Berücksichtigung von Taktzeiten, Fehlerhäufigkeiten und Störungen im Prozeß getroffen werden.

2   <u>Ausgangssituation</u>

2.1   <u>Begriffe und Definitionen</u>

Die Begriffe Montage, Fügen, Handhaben und Industrieroboter sind in der VDI-Richt-
linie 2860 /19/ und in der DIN 8593 /20/ beschrieben. Die Begriffe Bereitstellen,
Ordnen, Orientieren, Vereinzeln, Positionieren, Sortieren können ebenfalls /19/,
Werkstücktypen und -varianten sowie Flexibilität /21/ entnommen werden.

Die Bezeichnungen Leitungssatzmontage, Vorkonfektionierung und chaotische
Montage gehen aus /16/ hervor. Allgemeingültige verdrahtungsspezifische Begriffe
wie Leitungen, Kabel, Adern, Kontakte, Steckverbinder werden in /22/, Verbindungstechniken wie Schraub-, Löt-, Crimp-, Klemm-, und Schneidklemmtechnik in /23, 24/,
Polzahl bzw. Aderzahl in /25/ definiert.

Nachfolgend werden Begriffe und Ausdrücke zur Kabelsatzmontage, die in Normen
und Richtlinien nicht enthalten, jedoch für das allgemeine Verständnis der Arbeit von
Bedeutung sind, erläutert bzw. definiert.

<u>Kabelsätze</u> dienen als Verbindungselemente zwischen Stromquellen, Schaltgliedern
und elektrischen Verbrauchern. Sie werden u.a. in der Daten- und Kommunikationstechnik, Medizintechnik, Weiße Ware- und Braune Ware-Industrie, Meßtechnik, Luft-
und Raumfahrt-, Kraftfahrzeugindustrie und Gerätetechnik eingesetzt. Ein Kabelsatz
besteht aus einem Kabel mit einer Aderzahl größer eins, Endverbindungen (z.B.
Steckverbinder), sowie produktspezifischen Sonderelementen wie z.B. Schrumpf-
schläuche, Gummitüllen, Etiketten usw. Die in dieser Arbeit durchgeführten Untersuchungen richten sich auf Kabelsätze, deren Adern in einem Rundkabel mit annähernd
rotationssymmetrischem Querschnitt durch eine die Einzeladern umhüllende Isolation
(Kabelmantel) zusammengefaßt sind. Um eine erhöhte Flexibilität des Kabels mit ge-
fordertem Biegeradius zu erhalten, werden die Einzeladern bereits im Kabelherstellungsprozeß mit einer definierten Schlaglänge verseilt und anschließend durch einen
Extrusionsprozeß umhüllt.

Als <u>Einzelader,</u> auch Einzelleitung genannt, wird ein Leiter mit Isolierhülle bezeichnet
/26/. Hierbei kann der Leiter sowohl ein Massivleiter als auch ein Drahtlitzenleiter
sein. Ein Kabel wird als <u>hochpolig</u> bezeichnet, wenn der Aufbau aus mehr als drei
Adern besteht.

Die <u>Schlaglänge</u> ist die Kabellänge, die für eine 360° Verseilung einer Ader um den Kern erforderlich ist.

Die <u>Terminierung</u> von Kabeln ist ein Oberbegriff für sämtliche Tätigkeiten zur Bearbeitung der Einzeladern eines Kabels wie z.B. Ablängen, Abisolieren, Kontakte anschlagen, Steckermontage etc. Mit der <u>Kabelsatzmontage</u> werden komplette Kabelsätze als Endprodukt hergestellt. Die Kabelsatzmontage läßt sich prinzipiell unterteilen in die Konfektionierung von niederpoligen Kabeln (zwei- und dreiadrig), die schwerpunktmäßig zur Spannungszuführung an Geräten dienen, und in die Konfektionierung von hochpoligen Kabeln, die überwiegend zur Übertragung von Signalen eingesetzt werden.

Unter dem Begriff <u>Vereinzelung</u> ist ein Abteilen der Adern im Sinne von /19/ zu verstehen. Die Einzeladern liegen nach dem Vereinzelungsprozeß in einem geordneten Zustand vor.

Das <u>Sortieren</u> der Adern ist bei der Terminierung hochpoliger Rundkabel eine notwendige Teilverrichtung mit der die Adern unter Berücksichtigung der Zuordnung beider Kabelenden in eine gewünschte Reihenfolge an die Anschlußstelle gebracht werden.

Die <u>Anschlußgeometrie</u> der Anschlußstellen wird durch geometrische Größen wie Rastabstand und Anordnung der einzelnen Kontaktstellen bzw. Polkammern zueinander festgelegt. Die bei der Kontaktmontage auftretenden Fügerichtungen sind von der Anschlußgeometrie abhängig. Hierbei unterscheidet man z.B. ein- und mehrreihige Steckverbinder.

Durch einen <u>Aderlängendifferenzausgleich</u> werden mechanische und elektrische Längenunterschiede der Adern durch Nachkürzen ausgeglichen.

Als <u>mechanische Längendifferenz</u> wird der Längenunterschied zweier Adern des bereits abgemantelten Kabelstücks bezeichnet. <u>Elektrische Längendifferenzen</u> sind Unterschiede in den Signallaufzeiten zweier Adern, wobei die Aderlängen des ummantelten Kabelstücks ebenfalls berücksichtigt werden.

2.2   Abgrenzung des betrachteten Produktspektrums

Prinzipiell unterscheidet man in der Verdrahtungstechnik zwischen der Verarbeitung und Montage von Einzelleitungen und Kabeln. Während bei der Verdrahtung von Einzelleitungen komplexe Strukturen entstehen können, haben Kabelsätze eine einfache Struktur bestehend aus Kabel und zwei Anschlußstellen. Eine Gegenüberstellung von Kabel- und Leitungssatz zeigt Bild 2.1.

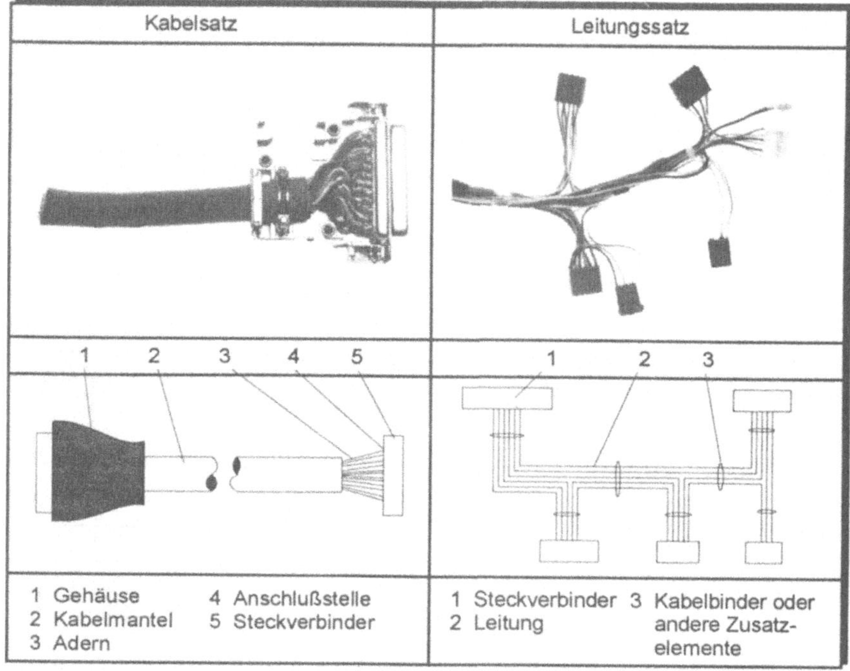

Bild 2.1:   Gegenüberstellung von Kabel- und Leitungssatz

Vergleicht man die Verarbeitung von Einzelleitungen und Rundkabeln so stellt man fest, daß die Montage von Einzelleitungen zu Leitungssätzen und von niederpoligen Kabeln bereits mit einem wesentlich höheren Automatisierungsgrad durchgeführt wird als die Montage von Kabelsätzen hochpoliger Rundkabel. Aufgrund des deutlich erkennbaren Defizits wird in der vorliegenden Arbeit ausschließlich der Bereich hochpoliger Rundkabel untersucht.

2.3   Stand der Technik

2.3.1   Ist-Zustand bei der Terminierung hochpoliger Rundkabel

Die Montage von hochpoligen Kabelsätzen, die zum größten Teil in kleinen bis mittleren Stückzahlen auftreten, ist durch eine hohe Typen- und Variantenvielfalt der Kabelsätze sowie lange Durchlaufzeiten mit einem hohen Anteil an Übergangszeiten gekennzeichnet.

Die einzelnen Montagetätigkeiten werden nach dem Verrichtungsprinzip ausgeführt. Bei größeren Stückzahlen werden die auf einer Rolle angelieferten Kabel automatisch auf eine definierte Länge abgeschnitten und abhängig von technologischen Einflußfaktoren ein- oder beidseitig automatisch abgemantelt. Die nachfolgenden Arbeitsschritte Vereinzeln, Identifizieren, Sortieren, Bearbeiten und Montieren erfolgen aufgrund fehlender handhabungstechnischer Lösungen zu 100 % manuell. Der durchschnittliche Lohnkostenanteil beträgt 60 %. Die einzelnen Adern werden sequentiell entweder manuell oder teilautomatisch weiterverarbeitet. In einigen Fällen werden die Adern auf einer aderspezifischen Vorrichtung positioniert, um eine gleichmäßige Bearbeitung sämtlicher Adern zu ermöglichen. Die kundenspezifische Montagereihenfolge der Adern am Endverbinder nach definierter Anschlußgeometrie wird durch Zuordnungsvorschriften im Arbeitsplan vorgegeben. Das Sortieren ist eine der häufigsten Fehlerquellen.

Die Qualitätskontrolle des Endprodukts bezüglich Kontaktierung, Polarität, Hochspannung usw. wird mittels elektrischer Durchgangsprüfung an separaten Prüfplätzen durchgeführt. Mit rechnerunterstützten Prüfgeräten können unterschiedliche Anschlußgeometrien typ- und variantenflexibel geprüft werden. Nicht korrekt montierte Kabelsätze werden gegebenenfalls an Nacharbeitsplätzen manuell repariert.

Aufgrund der manuell verrichtungsorientierten Fertigungsstruktur sowie der häufig anfallenden Nacharbeiten, was eine Rückführung zum Ausgangslos erforderlich macht, weist die Kabelkonfektion komplexe Materialflußstrukturen auf. Dadurch ist der gesamte Fertigungsablauf intransparent und hat einen hohen Anteil an unproduktiven Liegezeiten von bis zu 95 %.

Für die Montagevorgänge Ablängen, Abmanteln der Kabel, Ablängen der Adern und das Prüfen des Kabelsatzes existieren bereits technische Lösungen. Diese sind als Werkzeuge und Vorrichtungen am Markt verfügbar.

Der Stand der Technik ist durch folgende Merkmale gekennzeichnet:

- Verfahren und Werkzeuge zur automatischen Vereinzelung der Adern hochpoliger Kabel sind nicht vorhanden.
- Es fehlen grundsätzliche, wissenschaftlich fundierte Untersuchungen über
Einflüsse und Randbedingungen auf den Montageprozeß, insbesondere der
automatischen Handhabung der Adern.
- Bisherige Untersuchungen und daraus erzielte Erkenntnisse aus der Verdrahtungstechnik /14...18, 28/ sind auf Kabelsätze nur eingeschränkt übertragbar.
- Anforderungen an ein zu konzipierendes, flexibel automatisiertes Montagesystem
zur Terminierung hochpoliger Rundkabel bei variierenden Randbedingungen
fehlen.
- Eine Vorgehensweise zur Auslegung von Montagesystemen für Kabelsätze bei
unterschiedlichen produktspezifischen Randbedingungen fehlt.

2.3.2 Vorhandene Anlagen und Einrichtungen

Am Markt verfügbare Anlagen zur automatischen Konfektionierung von Kabelsätzen
beschränken sich auf 2- und 3-adrige Netzkabel zur Spannungszuführung an unter-
schiedlichsten Geräten. Zur Überprüfung der technischen Übertragbarkeit auf hochpolige Rundkabel werden die vorhandenen Systeme analysiert (Bild 2.2). Sämtliche
Anlagen sind durch ähnliche system- und produktspezifische Merkmale gekennzeichnet und bezüglich Aderzahl, Aderquerschnitt und Anschlußgeometrie unflexibel.
Aufgrund fehlender technischer Lösungen insbesondere für die Teilverrichtungen
Vereinzeln, Identifizieren und Sortieren können hochpolige Kabel auf diesen
Systemen nicht montiert werden. Basierend auf Expertengesprächen mit Kabel-
konfektionären, Maschinenherstellern und Anwendern sind weitere automatische
Systeme zur Kabelsatzmontage bekannt, deren Anlagenkonzepte jedoch auf ein
definiertes Produktspektrum mit festgelegtem Kabelaufbau, festgelegter Anschlußgeometrie und Verbindungstechnik ausgelegt sind und somit extrem hohe
Stückzahlen voraussetzen. Diese Systeme sind als Sonderlösungen nur für die eige-
ne Produktion entwickelt und somit am Markt nicht erhältlich. Weitere Forschungs-
und Entwicklungsarbeiten sowie Veröffentlichungen, die durch wissenschaftliche Erkenntnisse ein universell einsetzbares Grundlagenwissen für eine flexibel automatisierte Terminierung hochpoliger Rundkabel bereitstellen, sind nicht bekannt.

		Maschinenhersteller / Maschinenbezeichnung						
		Statomat (Baureihe KL)	Inarca (Multicarv)	Kormak (STK 2200)	G&W (TSM 3000)	Taller (Diro-connector)	Fuchs (P3)	Artos (CS-9)
Produktspezifische Merkmale	Aderzahl	2/3	2/3	2/3	2/3	2/3	2/3	2/3
	Aderdurchmesser	0,75–1,5	0,75–1,5	0,75–1,5	0,75–1,5	0,75–1,5	0,75–1,5	0,75–1,5
	Anschlag Steckerbrücke 1.Seite	Ja	Ja	Ja	Ja	Ja	Ja	Ja
	Kontaktanschlag 2.Seite	Ja	Ja	Ja	Ja	nein	nein	Ja
Systemspezifische Merkmale	Ausbringung (Stck/h)	1600	1000	850	1400	1100	1000	1100
	Flexibilität	◐	◔	◕	◐	◔	◔	◔
	Verkettung	starr (Riemen)	starr (Kette)	starr (Kette)	starr (Kette)	starr (Zylinder)	–	starr (Kette)
	Montage	beidseitig	einseitig	beidseitig	beidseitig	einseitig	einseitig	beidseitig
	Investitionskosten (TDM)	1000	200	1500	1000	300	150	600
Automatisierungsgrad der Vorrichtungen	Bereitstellen	A	M	M	A	M	M	A
	Ablängen	A	–	–	A	–	–	A
	Abmanteln	A	–	–	A	–	–	A
	Vereinzeln	A	M	M	A	M	M	A
	Identifizieren	A	M	M	A	M	M	A
	Sortieren	– (*)	–	–	– (*)	–	–	– (*)
	Anschlagen	A	A	A	A	A	A	A
	Prüfen	A	–	A	A	A	–	A
	Spritzen	–	–	A	–	–	–	–
	Entnahme	A	M	A	A	M	M	A

● gut   ◐ mittel   ○ schlecht   A=automatisch   M=manuell   –=nicht vorhanden
(*) Positionieren der Adern durch Drehen des Kabels (Rundrichten)

<u>Bild 2.2:</u>   Am Markt erhältliche Systeme zur Konfektionierung von Rundkabeln

Ausgehend vom Stand der Technik sind die Entwicklungsschwerpunkte in Verfahren, Werkzeuge und Vorrichtungen insbesondere für handhabungsspezifische Problemstellungen zu setzen. Um auf ein breites und branchenübergreifendes Anwendungsfeld zu stoßen, sind diese Entwicklungen unabhängig von der Gesamtsystemstruktur durchzuführen. Darüber hinaus sind Systemprinzipien abhängig von definierten Randbedingungen zu konzipieren, die den Anforderungen und dem Bedarf bezüglich Stückzahl und Flexibilität gerecht werden.

3   <u>Analyse an Montagearbeitsplätzen und Anforderungen an ein flexibles Montagesystem zur Terminierung hochpoliger Rundkabel</u>

3.1   <u>Analyse an Montagearbeitsplätzen</u>

Um Anforderungen an flexibel automatisierte Systeme zur Terminierung hochpoliger Rundkabel sowie deren Bedarf in Erfahrung zu bringen, wurde eine Studie /27/ mittels Repräsentativumfrage in Deutschland durchgeführt. Zielgruppen waren hierbei zum einen klassische Konfektionäre, deren Hauptumsatzanteile in der Kabelverarbeitung für unterschiedliche Produktbereiche erzielt werden und zum anderen Hersteller von Endprodukten verschiedener Anwendungsbereiche, die Kabelsätze in eigener Hauskonfektion produzieren. Allgemeine Trends der Konfektionsbranche können /29/ entnommen werden.

Aus den ermittelten Analysedaten sind branchenspezifische Unterschiede bezüglich produkt- und montageprozeßabhängiger Randbedingungen zu erkennen, die zu unterschiedlichen Anforderungen an automatische Montagesysteme für Kabelsätze führen. Gegenstand der Untersuchungen waren im wesentlichen die Analyse

- der Kabelsatzkomponenten,
- der Endverbinder mit zugehöriger Verbindungstechnik,
- der Anschlußgeometrie,
- der Montagevorgänge,
- der Produktionskenngrößen,
- der Fehlerursachen während des Montageprozesses sowie
- der Automatisierungshemmnisse.

Mit Hilfe der vorliegenden Ergebnisse werden Querschnittsprobleme der Kabelsatzmontage abgeleitet und daraus folgend Forschungs- und Entwicklungsschwerpunkte festgelegt.

Von 115 beteiligten Firmen konfektionieren 42 % für die Daten- und Kommunikationstechnik, 21 % für die Medizintechnik, 15 % für die Meßtechnik, 32 % für den allgemeinen Maschinenbau und Gerätetechnik, 26 % für die Weiße und Braune Ware-Industrie, 18 % für die Kraftfahrzeugtechnik und 7 % für die Luft- und Raumfahrttechnik. Dies verdeutlicht die Situation der einzelnen Konfektionäre, die für unterschiedliche Branchen produzieren, um flexibel am Markt reagieren zu können.

3.1.1 Analyse der Kabelsatzkomponenten

3.1.1.1 Kabel und Einzeladern

Der geometrische Aufbau des eingesetzten Kabels, die Anzahl der Adern sowie deren Aderdurchmesser und Codierung haben einen erheblichen Einfluß auf die Auswahl von Verfahren und Konzepten sowie deren technische Realisierung zur automatischen Terminierung der Einzeladern. Hier sind insbesondere die kritischen Teilverrichtungen Vereinzeln, Identifizieren und Sortieren der Adern zu nennen. Branchenspezifische Anwendungsgebiete und Merkmale der eingesetzten Kabel sind in Bild 3.1 dargestellt.

Branchenspezifische Anwendungsgebiete hochpoliger Rundkabel						
Daten- und Kommunikationstechnik	Medizintechnik	Meßtechnik	Maschinenbau	Weiße / Braune Ware	Luft- und Raumfahrt	Kraftfahrzeugtechnik
Schnittstellen Netzwerke Telekom	medizinische Geräte (z.B.: Ultraschall)	Schnittstellen Signalverarbeitung	Steuerleitungen Gerätetechnik Sensorik	Netzkabel (220 V) Verbindungskabel	Bordnetz	ABS Airbag Busleitung Bordnetz
Typische Aderzahl						
4<n<40	4<n<80	3≤n<15	3≤n<25	2≤n<8	4<n<15	3≤n<7
Typischer Leiterquerschnitt [mm^2]						
$q_L \leq 0,5$	$q_L \leq 0,35$	$q_L \leq 0,5$	$q_L \geq 0,5$	$0,5 \leq q_L \leq 1,5$	$0,35 \leq q_L \leq 1$	$0,35 \leq q_L \leq 1$
Typischer Kabelaufbau						
homogen	homogen	homogen	inhomogen	homogen	inhomogen	homogen
Typische Verbindungstechnik						
- Löten - Schneidklemmtechnik	- Löten - Schneidklemmtechnik	- Löten - Crimpen	- Schrauben - Crimpen - Klemmen	- Schrauben - Crimpen - Klemmen	- Löten - Crimpen	- Löten - Crimpen

Bild 3.1: Branchenspezifische Anwendungsgebiete hochpoliger Rundkabel

Um die Anforderungen an ein System zur automatischen Vereinzelung der Adern in Abhängigkeit der oben genannten Randbedingungen abzuleiten, werden die für hochpolige Kabelsätze eingesetzten Kabel nach montageprozeßbedingten Kriterien klassifiziert, wobei hier nur am Markt erhältliche Kabel aufgeführt sind. Nach Kundenwunsch hergestellte Sondertypen werden in diese Betrachtung nicht mit einbezogen.

Von den montierten Rundkabeln sind 81,4 % ungeschirmt und 18,6 % geschirmt. 68 % der hochpoligen Kabel haben mehr als 5 Adern und 43 % mehr als 10 Adern. Der größte Anteil der Kabelsätze mit hoher Aderzahl ist in der Daten- und Kommunikationstechnik, Medizintechnik sowie im allgemeinen Maschinenbau zu finden. 89 % der Kabel haben einen homogenen, 11 % einen inhomogenen Aufbau mit Adern unterschiedlichen Querschnitts. Diese sind insbesondere im allgemeinen Maschinenbau vertreten, wo Adern sowohl zur Übertragung von Signalen als auch zur Übertragung von Leistung benötigt werden.

Die zunehmende Miniaturisierung der Bauteile /30/ in den Endprodukten beeinflußt u.a. die geometrischen Randbedingungen des Kabelaufbaus. Durch Erhöhung der Packungsdichte an der Anschlußstelle zur Erreichung einer möglichst hohen Signalübertragungsrate auf kleinstem Bauraum steigen die Anforderungen an die zu montierenden Einzeladern in Richtung kleinerer Aderquerschnitte /31/. In der Daten- und Kommunikationstechnik werden Signalleitungen angestrebt, deren Durchmesser < 1 mm beträgt /32, 33/. Die Verteilung der Querschnitte in Abhängigkeit der Aderzahl ist in <u>Bild 3.2</u> dargestellt.

Aderzahl	Leiterquerschnitt / Strombelastbarkeit				
	$q_L \leq 0,5$ mm^2 $I < 6$ A	$0,5 < q_L \leq 1,0$ mm^2 6 A $< I < 12$ A	$1,0 < q_L \leq 1,5$ mm^2 12 A $< I < 16$ A	$q_L > 1,5$ mm^2 $I > 16$ A	Σ
2	2 %	82 %	7 %	9 %	100 %
3	6 %	41 %	52 %	1 %	100 %
$3 < n \leq 10$	68 %	28 %	3 %	1 %	100 %
$10 < n \leq 20$	75 %	22 %	2 %	1 %	100 %
$n > 20$	81 %	16 %	2 %	1 %	100 %

<u>Bild 3.2:</u>   Aderquerschnittsbereiche in Abhängigkeit der Aderzahl
(Basis: 86 Firmen)

Speziell im Bereich der Hochfrequenztechnik werden aufgrund elektrischer Anforderungen verstärkt abgeschirmte Kabel und Adern gefordert, um elektrische Übersprechungen, den sogenannten Cross-Talk, zwischen Adern untereinander und elektrischen Störungen auf das Kabel von außen zu vermeiden /33, 34, 35/. Eine physikalisch sinnvolle Abschirmung ist jedoch nur mit einem Rundkabel zu realisieren. Um ein möglichst gutes koaxiales Verhalten der Kabel zu erzielen, wird die Gesamtmasse als Abschirmung am Steckergehäuse montiert und die Schnittstelle somit elektrisch abgedichtet /36, 37/. Die geforderte EMV-Verträglichkeit bedingt eine möglichst geringe Abmantellänge des Kabels.

In klassischen Einsatzbereichen, wie z.B. der Automobilindustrie, werden Leitungen vorkonfektioniert und zu Leitungssätzen, auch Kabelbäume genannt, montiert. Hier nimmt der Anteil an Kabelsätzen mit Rundkabeln stetig zu. Die vorkonfektionierten Kabelsätze (z.B. für die Signalübertragung in einem Bussystem mit Multiplex-Technik im Automobil /38, 39, 40/) werden vormontiert in das Kraftfahrzeug eingebaut. Somit ist in Teilbereichen ein Übergang von Einzeladerbündeln zu ummantelten Adern (Kabeln), aufgrund erhöhter Qualitätsanforderungen (mechanischer Schutz, Schutz vor Wärme, Feuchtigkeit etc.) sowie zunehmender Anforderungen an die Abschirmung /33/ festzustellen.

Die Einzelader wird in 70,6 % der eingesetzten Rundkabel durch Farbcodierung /41/, in 9,7 % durch Nummern bzw. Ziffern gekennzeichnet. 19,7 % der Kabelsätze haben keine Adercodierung. Obwohl derzeit der größte Anteil an Kabeln mittels Farbe gekennzeichnet wird, ist die Notwendigkeit bei zukünftiger automatischer Terminierung in Frage zu stellen. Die unterschiedlichen Farben der Adern sind in der Regel lediglich zur optischen Erkennung bei der manuellen Montage erforderlich. Ausnahmen bilden hier aus sicherheitstechnischen Gründen durchgeführte Festlegungen wie z.B. die gelb/grüne Farbe des Erdleiters eines dreipoligen Netzkabels zur Spannungszuführung.

Längendifferenzen zwischen den Adern führen bei konstanter Übertragungsgeschwindigkeit zu unterschiedlichen Signallaufzeiten, so daß die zum Zeitpunkt T_0 vom Sender parallel abgeschickten Signale in zeitlich versetzter Reihenfolge beim Empfänger ankommen. Dadurch entstehen Wartezeiten, die minimiert werden müssen. Insbesondere in der Hochfrequenztechnik, in der die Taktzyklen in den Geräten bei extrem hohen Übertragungsgeschwindigkeiten (ca. $2,79 \cdot 10^8$ m/s) sehr kurz sind, werden hohe Anforderungen an das Laufzeitverhalten der Adern gestellt. Als wichtigste Anwendungsgebiete sind hier die Kommunikationstechnik sowie die Computertechnik zu nennen. Innerhalb von Großrechneranlagen werden heute Taktzyklen von bis zu 50 ps realisiert /33/. Daraus ergibt sich eine maximal zulässige Längendifferenz von 13,95 · 10^{-3} m, die nicht überschritten werden darf. Laufzeitunterschiede hochpoliger Rundkabel lassen sich folgendermaßen klassifizieren:

- Laufzeitunterschiede aufgrund von Fertigungstoleranzen im Kabelherstellungsprozeß (die Durchmessertoleranzen der Adern liegen bei ca. 0,1 mm) und Materialeigenschaften des Dielektrikums,
- Laufzeitunterschiede aufgrund von Längendifferenzen der Adern durch mehrlagige Verseilung (10-20% der Kabellänge).

3.1.1.2 Endverbinder und Anschlußgeometrie

Eine Analyse der eingesetzten Anschlußgeometrien bei Kabelsätzen ergibt einen Anteil von 18,5 % an einreihigen Rechtecksteckern, 46 % an zweireihigen Rechtecksteckern und 5 % an mehrreihigen Rechtecksteckern, 24,6 % an Rundsteckern sowie 5,9 % sonstige Steckerformen. Die zukünftigen Entwicklungen der Endverbinder sind ebenfalls durch eine Miniaturisierung gekennzeichnet. Dadurch bedingt wird der Rastabstand am Verbinder kleiner, wodurch eine 'chaotische' Montage der Adern im Sinne von /16/ erschwert wird.

Übliche Verbindungstechniken in der Verdrahtungstechnik sind das Schrauben, Löten, Crimpen, Stecken und Schneidklemmen. Da ca. 95 % der eingesetzten Rundkabel aus Litzenleitungen aufgebaut sind, ist das Schrauben und Klemmen, welches schwerpunktmäßig zur Verbindung von massiven Drahtleitungen eingesetzt wird, von untergeordneter Bedeutung.

In der Datenverarbeitung zur Übertragung von Signalen zwischen internen Rechnerbausteinen wie z.B. CPU, I/O-Einheiten, Steuereinheiten usw. werden häufig parallele Verdrahtungen eingesetzt, da hier die Schnittstellenspezifikation bereits hardwaremäßig festgelegt ist. Obwohl in diesem Bereich der Einsatz von montagefreundlichen Flachbandkabeln in Schneidklemmtechnik möglich ist, werden zukünftig verstärkt geschirmte Rundkabel verwendet. Geräteabhängige Schnittstellen, deren Belegungen beider Endverbinder nicht übereinstimmen, werden aufgrund der nichtparallelen Verbindung stets mit Rundkabel verdrahtet.

Um eine Schnittstelle mittels nichtparalleler Verbindung zu realisieren, können die Belegungen entweder auf beiden Seiten durch Codierung der Adern absolut festge-

legt werden, oder die zweite Seite wird in Abhängigkeit der ersten Seite angeschlossen. Im zweiten Fall sind auch uncodierte Adern zulässig.

3.1.2 Analyse der Montagevorgänge

In Anlehnung an /42, 43/ sind die notwendigen Montagevorgänge der Kabelsatzmontage in Bild 3.3 in einem Montagevorranggraphen dargestellt.

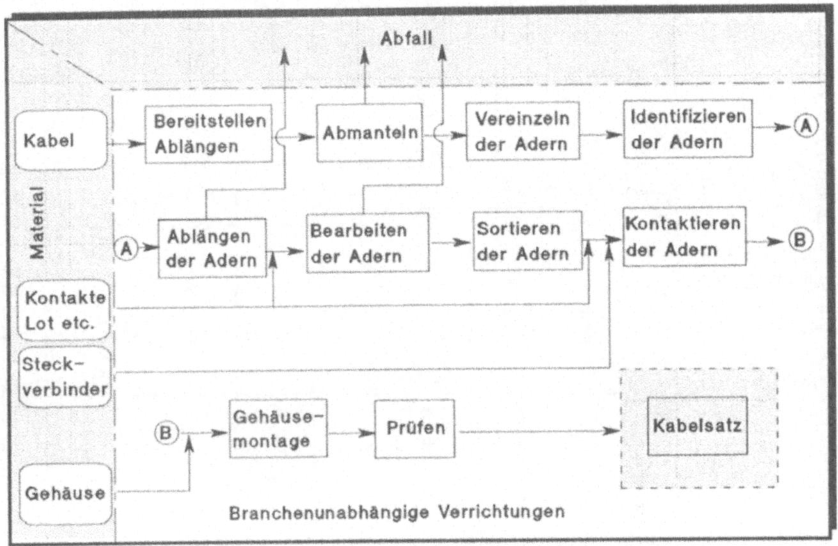

<u>Bild 3.3</u>: Montagevorranggraph für die Terminierung hochpoliger Rundkabel

Teilverrichtungen wie das Bereitstellen, Ablängen und Abmanteln des Kabels, das
Vereinzeln, Identifizieren, Ablängen, Bearbeiten, Sortieren und Anschließen der Adern
sowie die Montage der Gehäuse und das Prüfen des Kabelsatzes sind für die Herstellung eines Kabelsatzes zwingend notwendig. Diese können nun durch branchenspezifische Verrichtungen wie das Entfernen und Anschließen der Abschirmung, das
Reinigen der Adern, den Ausgleich von Aderlängendifferenzen u.a. ergänzt werden.

Branchenübergreifende Teilsysteme, die innerhalb der vorliegenden Arbeit aufgrund
des geringen Automatisierungsgrades untersucht werden, sind das

- Vereinzeln der Adern,
- Identifizieren der Adern und
- anschlußflexible Sortieren und Kontaktieren der Adern.

Bild 3.4 zeigt den Automatisierungsgrad der einzelnen Teilverrichtungen.

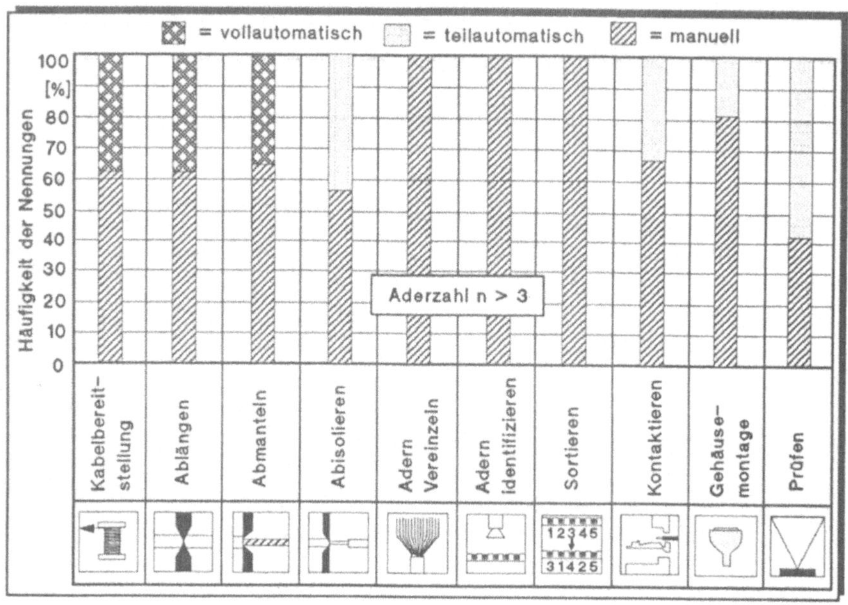

Bild 3.4: Automatisierungsgrad einzelner Teilverrichtungen (Basis: 67 Firmen)

3.1.3 Produktionskenngrößen

3.1.3.1 Montagezeiten

Die für einen Kabelsatz benötigte Montagezeit läßt sich unterteilen in Zeiten zur Bearbeitung des Kabels und Zeiten zur Bearbeitung der Adern. Letztere weisen eine direkte Abhängigkeit von der Aderzahl auf. Für das manuelle Ablängen und Abmanteln beider Kabelenden werden durchschnittlich 90 Sekunden benötigt. Die nachfolgenden Arbeitsschritte werden für jeweils eine Ader betrachtet, da bei der manuellen Montage hochpoliger Kabel die einzelnen Adern sequentiell abgearbeitet werden. Die Montagezeiten der einzelnen Verrichtungen hängen von der Verbindungstechnik ab (**Bild 3.5**). Die Schneidklemmtechnik ist die montagefreundlichste

Verbindungstechnik, da die Adern vor dem Anschließen nicht bearbeitet werden müssen. Diese weist deshalb auch die geringste Montagezeit auf. Schrauben und Löten sind die Verbindungstechniken mit den höchsten Montagezeiten.

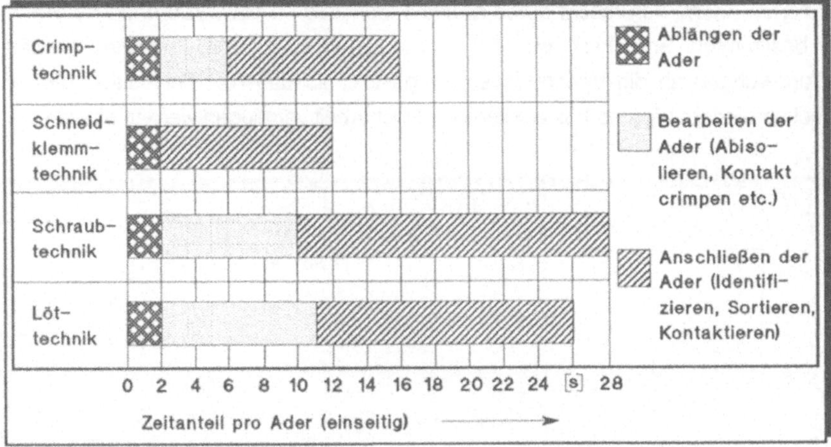

<u>Bild 3.5:</u>   Durchschnittliche Montagezeiten pro Ader (einseitig)

Die Montagezeiten sind ebenfalls von den gestellten Qualitätsanforderungen an die Verbindungsstelle abhängig. Für die Komplettmontage eines qualitativ hochwertigen Kabelsatzes mit 15 Adern in Löttechnik werden durchschnittlich 15 Minuten benötigt. Die Kontrolle des Kabelsatzes nimmt weniger als eine Minute in Anspruch, je nach Prüfvorschrift.

3.1.3.2   <u>Fehlerursachen beim Montageprozeß</u>

Die Ergebnisse der Analyse zeigen als wichtigste Fehlerursachen das Abmanteln des Kabels, die Bearbeitung und Kontaktierung sowie das Sortieren der Adern. Fehlerursache beim manuellen Abmanteln des Kabels ist in den meisten Fällen ein undefiniertes Zustellen der Messer, so daß die Isolation der Einzeladern durchgeschnitten wird. Prinzipiell werden die möglichen Fehler in prozeßbedingte und manuell bedingte Montagefehler unterschieden. In <u>Bild 3.6</u> sind die Anteile der Fehlerarten nach Codierung und Identifikation der Adern sowie nach Branchen aufgeteilt.

Eine eingehende Analyse der auftretenden Fehler bei der Konfektion von Einzeladern, insbesondere beim Crimpen und der Schneidklemmtechnik, wurde bereits in

/14, 16/ durchgeführt. Lötfehler, die bei der Kontaktierung der Adern auftreten können, haben unterschiedliche Ursachen wie Lotzufuhr, Löttemperaturen usw.. Gängige Lötverfahren sind aus /44/ zu entnehmen. Die häufigsten Fehler treten beim Sortieren der Adern auf, insbesondere bei Kabeln mit einer hohen Aderzahl und nicht codierten Adern, verursacht durch falsches Identifizieren bzw. Zuordnen der Adern. In bestimmten Branchen, wie der Computerindustrie, werden hohe Qualitätsanforderungen an die Verbindungsstelle gestellt, so daß hier Fehlbelegungen am Steckverbinder aufgrund kostenintensiver Nacharbeit vermieden werden müssen.

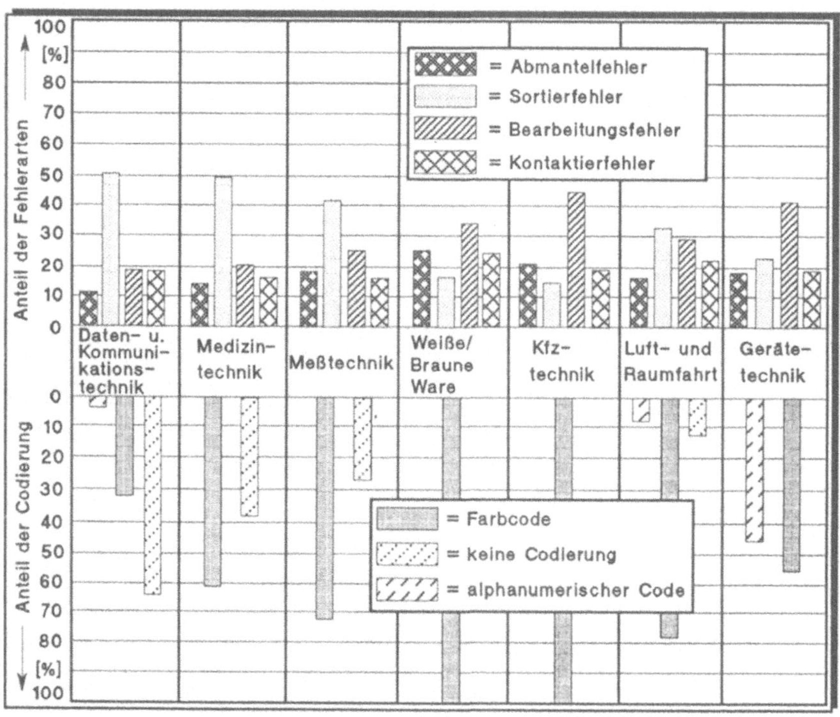

Bild 3.6: Hauptfehlerarten im Vergleich zur verwendeten Codierung bei der Terminierung hochpoliger Rundkabel (Basis: 65 Firmen)

3.1.3.3 Branchenspezifische Randbedingungen

Die einzelnen Branchen weisen unterschiedliche Randbedingungen bezüglich Stückzahlen, Losgrößen und Typen- und Variantenspektrum auf. In **Bild 3.7** ist die branchenspezifische Zuordnung der unterschiedlichen Produktionskenngrößen sowie der Aderzahl dargestellt. Die Analyse zeigt deutlich einen Zusammenhang zwischen den genannten Produktionskenngrößen und der Aderzahl der zu montierenden Kabelsätze hochpoliger Rundkabel.

Kenngröße / Branche	Aderzahl	Stückzahl/Jahr	Stückzahl/Los	Varianten
	0 10 20 30 >30	1 10^2 10^4 10^6	1 10^1 10^2 10^3 10^4 10^5	0 100 200 300 400 500
Daten- und Kommunikationstechnik				
Weiße/Braune Ware				
Meßtechnik				
Kfz-Technik				
Luft- und Raumfahrt				
Maschinenbau				
Medizintechnik				

<u>Bild 3.7:</u>   Branchenspezifische Zuordnung unterschiedlicher Produktionskenngrößen der Konfektionäre (Basis: 58 Firmen)

Die gefertigte Jahresstückzahl sowie die eingesetzte Losgröße nehmen mit zunehmender Aderzahl ab. Aufgrund einer hohen Typen- und Variantenvielfalt an kundenspezifischen Endgeräten werden die von der Anschlußgeometrie abhängigen Kabelsätze mit hoher Aderzahl in kleinen Losgrößen (< 1000 Stck/Los) montiert. Eine Ausnahme sind Standardkabel (z.B. zur Datenübertragung zwischen PC und Drucker), die in größeren Stückzahlen produziert werden. Diese werden jedoch zunehmend in Niedriglohnländer hergestellt. In der Weiße Ware- und Braune Ware-Industrie werden schwerpunktmäßig niederpolige Kabel in großen Stückzahlen eingesetzt. 72 % der gefertigten Lose sind kleiner als 2000 Stck/Los, wobei 39,5 % aller befragten Konfektionäre mehr als 250 unterschiedliche Varianten montieren. Die höchste Angabe lag bei 6000 Varianten kundenspezifischer Spezialkabelsätze.

3.1.4   <u>Automatisierungshemmnisse</u>

Eine Analyse der Automatisierungshemmnisse zeigt Gründe der bisher fehlenden Automatisierung in der Kabelsatzmontage auf (<u>Bild 3.8</u>).

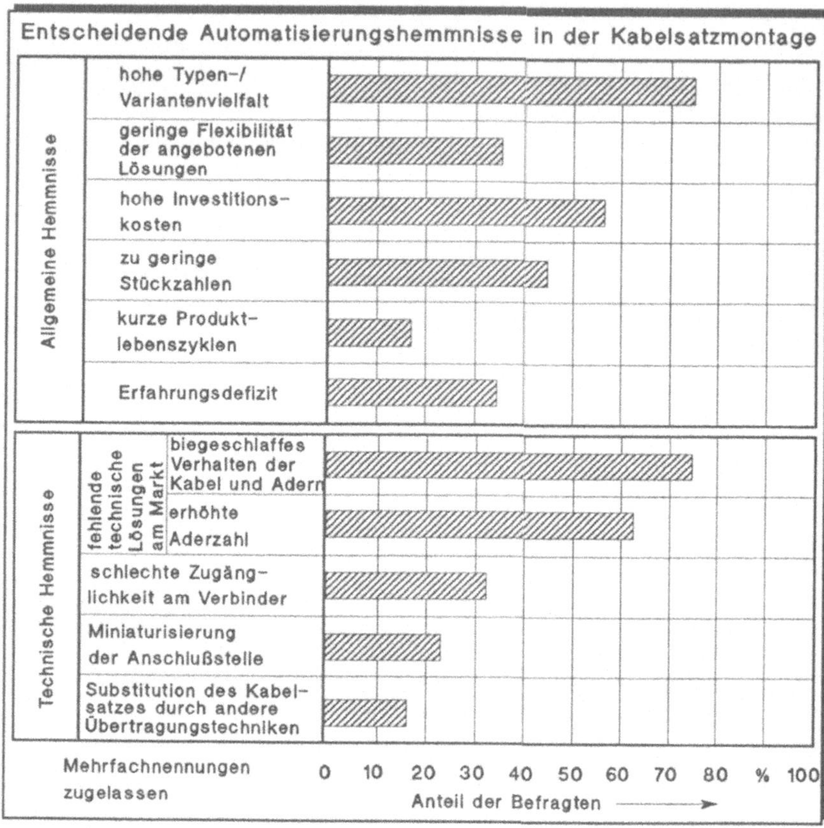

Bild 3.8: Automatisierungshemmnisse bei der Terminierung von hochpoligen Rundkabeln (Basis: 110 Firmen)

Die wichtigsten Hemmnisse, die einen Einsatz von automatischen Systemen unter technischen und wirtschaftlichen Gesichtspunkten erschweren sind:

- fehlende technische Lösungen am Markt,
- zu geringe Flexibilität der angebotenen Lösungen und
- zu hohe Investitionskosten bei kleinen Stückzahlen.

Die Rechtfertigung einer Höherautomatisierung der Kabelsatzmontage sehen 74 % in der Produktivitätssteigerung, 62 % in der Verkürzung von Durchlaufzeiten, 84 % in der Lohnkostenreduzierung, 47 % in der Qualitätssteigerung und 21 % in der Humanisierung des Arbeitsplatzes.

3.2 Folgerungen aus den Analyseergebnissen und Ableitung von Entwicklungsschwerpunkten für ein System zur flexiblen Terminierung hochpoliger Rundkabel

Die ermittelten Analyseergebnisse werden in kabelbezogene, anschlußbezogene sowie systembezogene Teilbereiche untergliedert, um bereits frühzeitig eine zielorientierte Vorgehensweise zu ermöglichen (Bild 3.9).

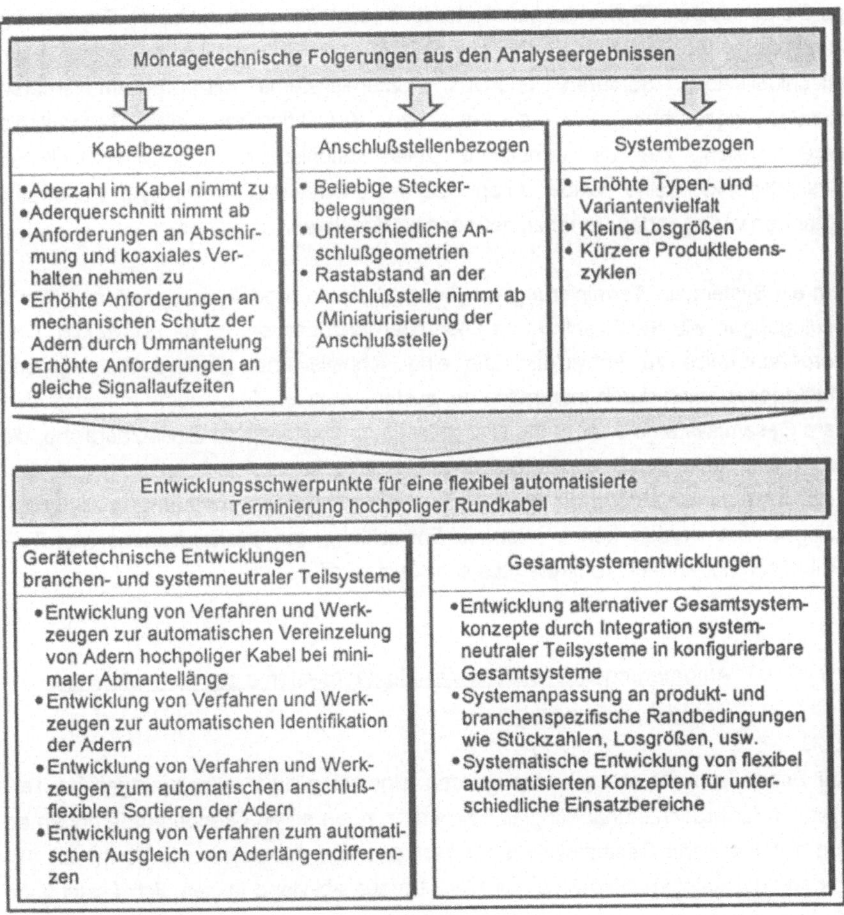

Bild 3.9: Montagetechnische Folgerungen aus den Analyseergebnissen und Ableitung von Entwicklungsschwerpunkten

Wichtige zukünftige Trends für den Montageprozeß und dessen Teilsysteme sind eine wachsende Anzahl an Adern aufgrund zunehmender Signaldichte, erhöhte Anforderungen an ein koaxiales Verhalten durch Abschirmung der Kabel und somit kurze Abmantellängen sowie minimierte Rastabstände an der Anschlußstelle. Um branchenübergreifendes Grundlagenwissen zu entwickeln, werden die systemneutralen Teilsysteme Vereinzelung, Identifikation und Sortierung der Adern betrachtet, für die bisher keine technischen Lösungen unter den gestellten Anforderungen existieren. Technische Automatisierungshemmnisse und fehlende gerätetechnische Entwicklungen erfordern die Konzeption und Entwicklung entsprechender Systeme. Das Handhaben der Adern, insbesondere beim anschlußflexiblen Sortieren, erfordert Montagesysteme mit programmierbaren Handhabungsgeräten. Hier gilt es, den Konfektionären eine Technologie bereitzustellen, die es ermöglicht unter technischen und wirtschaftlichen Gesichtspunkten eine flexibel automatisierte Terminierung hochpoliger Rundkabel unter den vorliegenden Randbedingungen zu realisieren.

Um ein System zur Terminierung von Rundkabeln an produktionsspezifische Randbedingungen wie Stückzahlen und Losgrößen anzupassen, ist es notwendig, eine Vorgehensweise zu entwickeln, die eine schnelle und effektive Planung von Montagesystemen durch Integration der systemneutralen Teilsysteme in konfigurierbare Gesamtsysteme ermöglicht. Hier müssen unterschiedliche Einsatzbereiche, die im Schwerpunkt durch die Verbindungstechnik gekennzeichnet sind, gegenübergestellt werden. Während die branchenunabhängigen Problemstellungen allgemeingültig gelöst werden können, ist die Entwicklung von produktspezifischen Teilproblemen nur anhand konkreter Lastenhefte sinnvoll.

3.3   <u>Anforderungen an ein flexibles Montagesysteme zur Terminierung hochpoliger Rundkabel</u>

Auf Basis der Analyseergebnisse werden allgemeingültige Anforderungen an Teilsysteme für branchenunabhängige Teilverrichtungen sowie Grundanforderungen an das automatisierte Gesamtsystem zur Montage von Kabelsätzen in Form von Anforderungskatalogen (<u>Bild 3.10</u>) definiert. Daraus ableitend lassen sich Lastenhefte für Systemkonzepte und zu entwickelnde Verfahren, Werkzeuge und Vorrichtungen erstellen. Diese können jederzeit durch produktspezifische Vorgaben ergänzt werden.

<table>
<tr><td colspan="2" align="center">Gesamtsystem</td><td align="center">System zum Vereinzeln der Adern</td></tr>
<tr><td colspan="2">

• modularer Aufbau an unterschiedliche Randbedingungen anpaßbar
• Flexibilität bezüglich - Aderzahl
                  - Aderquerschnitt
                  - Anschlußgeometrie
                  - Kabellänge
• Montagezeit für Basisverrichtungen
  - Bereitstellen, Ablängen, Abmanteln < 90s
  - Bearbeiten und Anschließen einer
    Ader < 14 s
• Montage von hochpoligen Kabeln mit einer Aderzahl > 3
• Möglichkeit zur Integration manueller Montagearbeitsplätze (Hybridsystem zum stufenweisen Ausbau)
• benutzerfreundliche Steuerung mit Fehleranalyse
• hohe technische Verfügbarkeit
• Reduzierung von typ- und aufgabenspezifischen Teilkomponenten

</td><td>

• Leitungsquerschnittsbereich < 1,0 mm^2
• möglichst hohe Aderzahl (n > 3)
• flexibel bezüglich Aderzahl und Aderquerschnitt
• erforderliche Abmantellänge des Kabels < 100 mm
• wahlfreier Aderabstand nach dem Vereinzeln
• Vereinzeln von verseilten Adern
• integrierte Prozeßkontrolle mit Störfallstrategien
• systemunabhängige Bereitstellung der Adern für nachfolgenden Prozeßschritt (Integration in beliebige Gesamtsysteme)
• keine Beschädigung der Adern und Beeinflussung der physikalischen Eigenschaften
• Taktzeit pro Ader < 2 s
• Minimierung der Handhabungsvorgänge
• Integration in ein Gesamtsystem

</td></tr>
<tr><td colspan="3" align="center">System zum Anschließen der Adern</td></tr>
<tr><td align="center">Identifikation und Zuordnung der Adern</td><td align="center" colspan="2">Sortieren und Anschließen der Adern</td></tr>
<tr><td>

• Taktzeit pro Ader < 2 s
• Anzahl zu identifizierender Adern > 3
  Identifikation ein- und mehrfarbiger Adern (2 unterschiedliche Farben)
• keine Beschädigung der Adern im stromführenden Bereich
• geringer Steuerungsaufwand
• Integration in ein Gesamtsystem
• parallele Identifikation sämtlicher Adern

</td><td colspan="2">

• Taktzeit pro Ader < 4 s
• freiwählbare Reihenfolge
• Vermeiden von Knotenbildung
• geringer Steuerungsaufwand
• beliebige Anschlußgeometrien
• minimale mechanische und elektrische Aderlängendifferenzen

</td></tr>
</table>

<u>Bild 3.10:</u>   Anforderungskatalog für ein Montagesystem zur Terminierung hochpoliger Rundkabel

Das Vereinzeln einer möglichst hohen Anzahl an Adern mit kleinen Aderquerschnitten, die Erzeugung einer minimalen Aderlängendifferenz während des Vereinzeln und eine minimale Abmantellänge des Kabels sind wichtige Anforderungen, die an ein System zum Vereinzeln der Adern gestellt werden. Die Adern müssen nach dem Vereinzeln derart bereitgestellt werden, daß sie an den freien Enden in beliebigen nachfolgenden Stationen bearbeitet werden können. Sämtliche Adern sollten aus Taktzeitgründen zeitlich parallel identifiziert werden.

Mit dem System zum Sortieren müssen Adern aus einer beliebigen Ausgangsreihenfolge in eine definierte anschlußspezifische Reihenfolge umsortiert werden können.

4   Konzeption und Entwicklung von Verfahren und Werkzeugen zur Vereinzelung der Adern

4.1   Verfahren zur Vereinzelung der Adern

4.1.1   Konzeption von Alternativen zur Vereinzelung der Adern

Unterschiedliche Vereinzelungskonzepte sind mit entsprechender Klassifizierung nach den aufgeführten Konzeptkriterien in Bild 4.1 dargestellt.

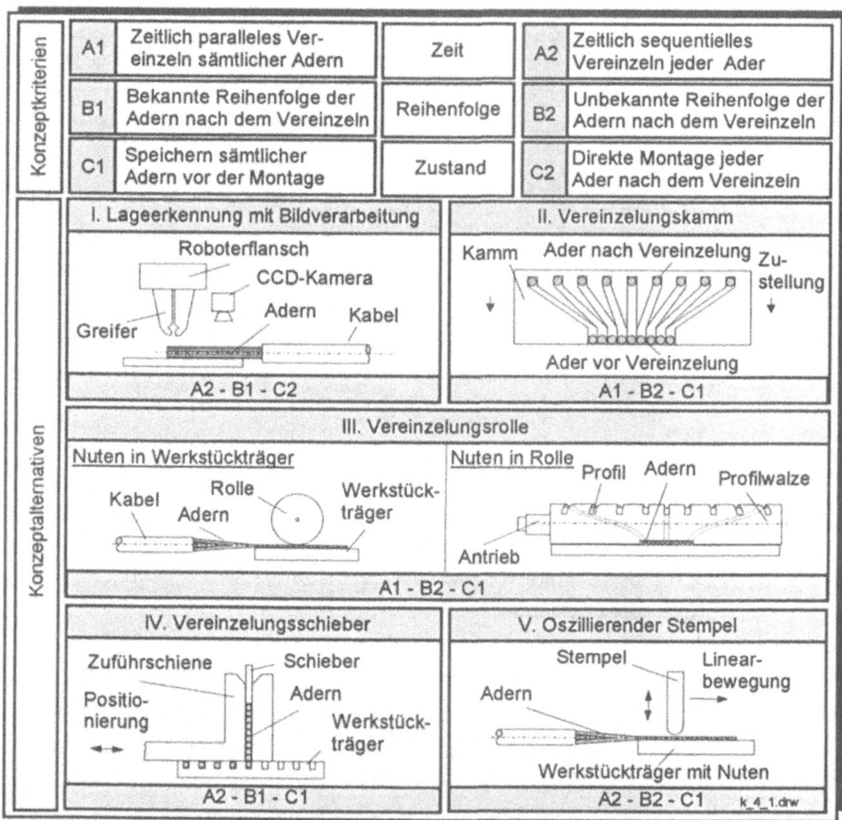

Bild 4.1:   Konzeption von Verfahren für das Vereinzeln der Adern

Bei Alternative I wird die Lage und Orientierung der einzelnen Adern mittels Bildverarbeitung erfaßt. Farblich gekennzeichnete Adern können gleichzeitig identifiziert und somit in bekannter Reihenfolge direkt angeschlossen werden. Bei den Alternativen II-V werden sämtliche Adern vor dem Anschließen gespeichert, so daß diese anschließend zeitlich parallel bearbeitet werden können.

4.1.2 Bewertung der Alternativen und Auswahl eines Verfahrens

Vor der gezielten Weiterentwicklung eines Lösungsprinzips werden sämtliche Verfahren nach festgelegten Kriterien bewertet. Die Auswahl eines geeigneten Verfahrens wird anhand von Bild 4.2 durchgeführt.

Bewertungskriterien \ Verfahren	A I — Bildverarbeitung	A II — Vereinzelungskamm	A III a — Nuten im WT	A III b — Nuten in Rolle	A IV — Einlegen mit Schieber	A V — Oszillierender Stempel
mögliche Aderzahl	niedrig	niedrig	hoch	mittel	niedrig	hoch
sinnvoller Leiterquerschnitt	abhängig von der Auflösung	$> 0{,}5\ \mathrm{mm}^2$	$> 0{,}08\ \mathrm{mm}^2$	$> 0{,}25\ \mathrm{mm}^2$	$> 0{,}5\ \mathrm{mm}^2$	$> 0{,}08\ \mathrm{mm}^2$
notwendige Abmantellänge	●	◐	◐	◐	◐	◐
Beschädigung der Adern	●	◐	●	◐	●	●
Weiterverarbeitung der Adern	sequentiell	parallel / sequentiell	parallel / sequentiell	parallel / sequentiell	parallel / sequentiell	parallel / sequentiell
geschätzte Taktzeit	> 2 s pro Ader	< 10 s (*)	< 10 s (*)	< 10 s (*)	> 1 s pro Ader	< 10 s pro Ader
Funktionssicherheit	○	◐	●	◐	◐	●
technischer Aufwand	○	●	●	◔	◔	◐
Integration in den Montageprozeß	○	◐	●	◔	◐	●
Flexibilität bzgl. Aderzahl und ∅	●	◐	●	◐	◐	●

* unabhängig von Aderzahl   ● gut   ◐ mittel   ○ schlecht

Bild 4.2: Bewertung alternativer Verfahren für das Vereinzeln der Adern

Mögliche Aderzahl, Leiterquerschnitt, notwendige Abmantellänge, Taktzeit und Integration in den Montageprozeß sind wichtige Kriterien, mit denen die Erfüllung der aus der Analyse resultierenden Anforderungen überprüft werden. Eine eventuelle

Beschädigung der Adern beim Vereinzeln ist aufgrund der Sicherheitsvorschriften in der Verdrahtungstechnik ein sofortiges Ausschluß-Kriterium.

Das Einlegen der Adern in Nuten eines Werkstückträgers erfüllt die gestellten Anforderungen am besten. Die Integration der Teilverrichtung Vereinzeln in den Montageprozeß ist bei dieser Alternative gut möglich, da die Adern auf dem Werkstückträger bereits positioniert sind und anschließend zusätzlich fixiert und somit in beliebigen Stationen an ihren Enden bearbeitet werden können.

Das Einlegen der Adern in die einzelnen Nuten läßt sich prinzipiell durch zwei Verfahren lösen:

- Sequentielles Einlegen jeder Ader mit einem entlang der Nut geführten Werkzeug (Alternative V).
- Gleichzeitiges Einlegen sämtlicher Adern mit einer Vereinzelungsrolle (Alternative IIIa).

Aufgrund der günstigeren Taktzeit der Alternative IIIa, insbesondere bei einer hohen Aderzahl, wird diese ausgewählt und eingehend untersucht.

4.1.3   <u>Theoretische Betrachtung des Vereinzelungsprozesses</u>

4.1.3.1   <u>Definition eines Phasenmodells</u>

Um eine Aussage über die Möglichkeiten und Grenzen des ausgewählten Verfahrens zum Vereinzeln der Adern machen zu können, ist es notwendig, den Vereinzelungsprozeß differenziert zu betrachten. Wie in <u>Bild 4.3</u> dargestellt, läßt sich der gesamte Vereinzelungsprozeß in drei Vereinzelungsphasen einteilen.

In der Vereinzelungsphase I werden die ungeordneten Adern durch paralleles Ausrichten in eine ebene Anordnung mit der Länge l_l gebracht. Durch Einlegen der Adern in eine Nut mit der Nutbreite b_N, die der Summe der Aderdurchmesser d_A entspricht, liegen die Adern berührend nebeneinander. Durch fehlenden Abstand zwischen den Adern ist jedoch ein wahlfreies Greifen an dieser Stelle noch nicht möglich. Deshalb werden die Adern in der Vereinzelungsphase II auf einen Achsabstand a_A gebracht. Sobald die Forderung

$$a_A > d_A \qquad\qquad (1)$$

erfüllt ist, sind die Adern vereinzelt.

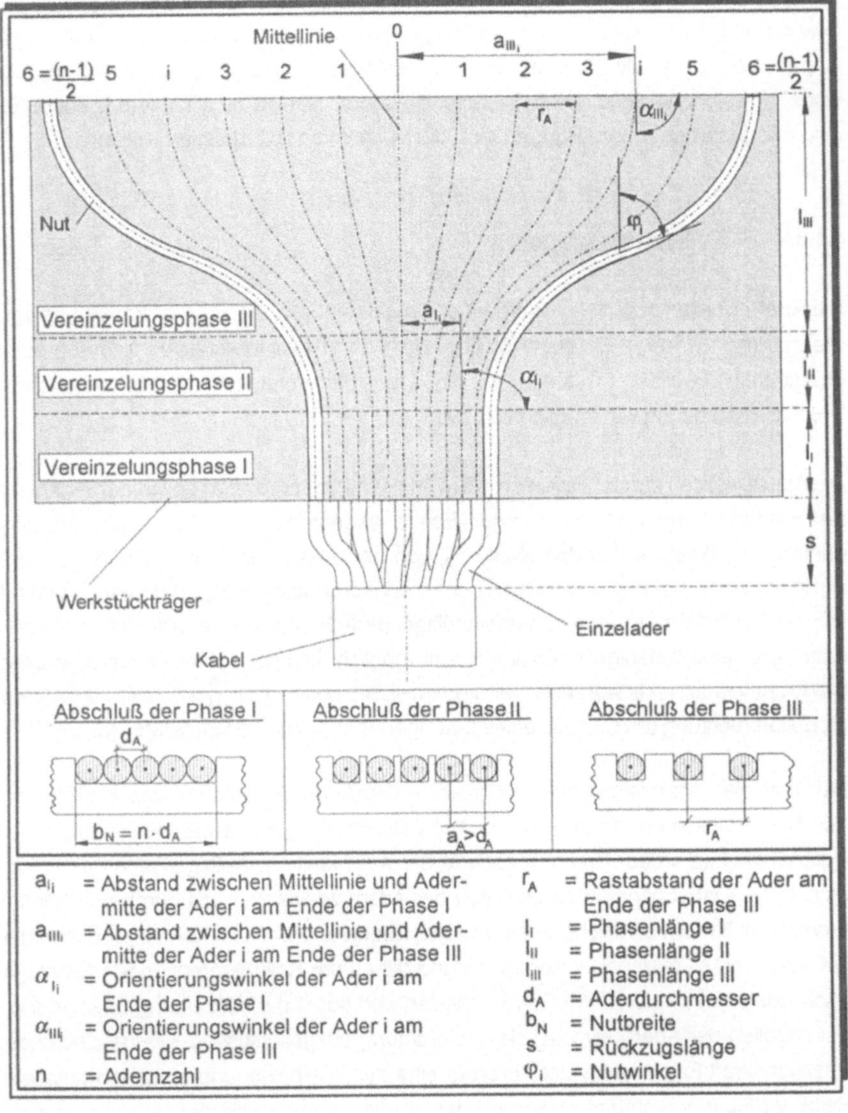

Bild 4.3:   Phasenmodell für das Vereinzeln der Adern

Zur parallelen Bearbeitung in einer nachfolgenden Montagestation werden die Adern mit einem definierten Rastabstand r_A am Ende der Vereinzelungsphase III positioniert. Der geometrische Verlauf der Ader vom Ende der Vereinzelungsphase I bis zum Ende der Vereinzelungsphase III ist durch die Nutfunktion $f_i(x)$ festgelegt. Zur Realisierung einer kurzen Abmantellänge sowie einer möglichst geringen Ader-längendifferenz ist die Summe der Phasenlängen l_I, l_{II} und l_{III} sowie die Bogen-längenabweichung zwischen mittlerer und äußerer Nut ΔL zu minimieren. Zur Erfül-lung der gestellten Anforderungen muß die Nutfunktion $f_i(x)$ optimiert werden.

4.1.3.2 <u>Vereinzelungsphase I</u>

Die Adern werden durch Einleitung einer Druckkraft F_D in die Nut der Phase I gelegt. Die maximal zulässige Exzentrizität der Adern darf bei plastischer Verformung nicht überschritten werden. Deshalb ist die über die Vereinzelungsrolle eingeleitete Druckkraft so gering wie möglich zu halten.

Die Adern werden durch Gleiten an den Wirkflächen der Isolation sowie der Rolle und der Werkstückträgerauflage in einer Ebene angeordnet. Da die an den Berühr-punkten der Adern wirkenden Kräfte F_{Ai} von den Aderzuständen in der Ausgangs-situation abhängig sind und sich zwischen ungeordnetem und geordnetem Zustand ständig verändern, ist eine allgemeingültige Berechnung der erforderlichen Druck-kraft F_D für eine beliebige Aderzahl n nicht möglich. Um dennoch Erkenntnisse über die Kräfteverhältnisse während der Vereinzelungsphase I zu gewinnnen, wird eine Modellbetrachtung am Beispiel eines 3-adrigen Rundkabels durchgeführt (<u>Bild 4.4</u>).

Die über die Vereinzelungsrolle eingeleitete Druckkraft F_D erzeugt eine Kraft F_{Ai} an den Berührstellen der angrenzenden Ader. Die Kraft F_{Ai} sowie die resultierende Re-aktionskraft F_{RAi} an der Berührungsstelle der Ader i mit der Auflagefläche des Werk-stückträgers ist abhängig von der Lage der Adern zueinander, die durch den Winkel α bestimmt ist. Um sämtliche Adern in einer Ebene anordnen zu können, müssen die auf dem Werkstückträger aufliegenden und die an der Rolle angrenzenden Adern (je nach Aderlage) an deren Wirkflächen gleiten und somit die Haftreibung überwinden. Ein Abrollen der Adern wird bei der Betrachtung ausgeschlossen. Die resultierende Reaktionskraft F_{RAi} an der Ader i erzeugt eine der Aderbewegung entgegenwirkende Reibkraft F_{riy} in y-Richtung. Aufgrund der für die Überwindung der Haftreibung not-wendigen Bedingung werden die Adern bei $\alpha < \rho$ deformiert.

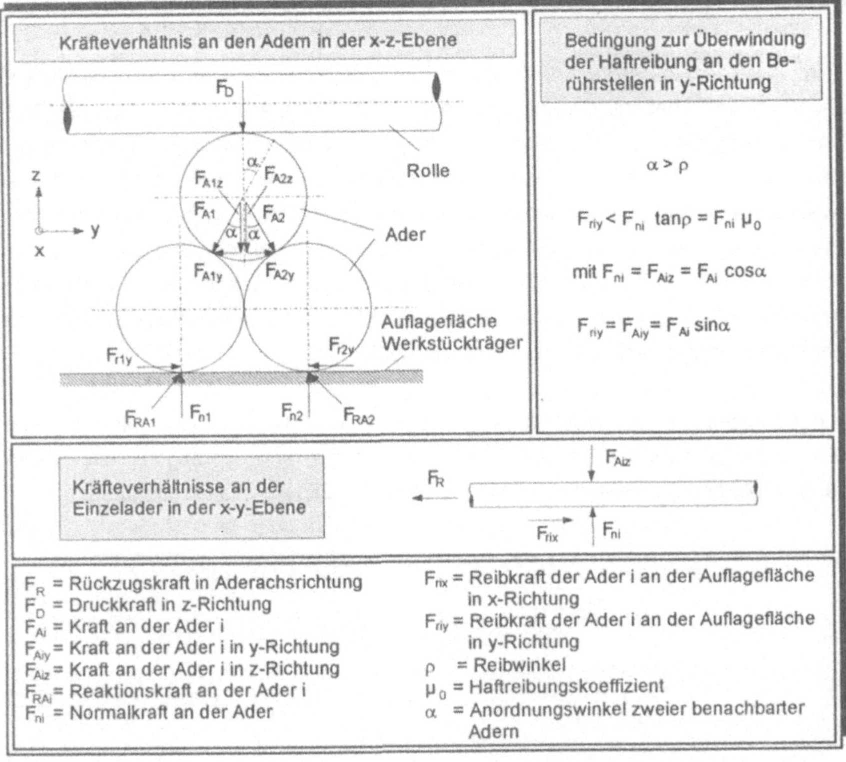

<u>Bild 4.4:</u>   Modellbetrachtung der Kräfteverhältnisse in der Vereinzelungsphase I

Durch Einleitung einer Rückzugskraft $F_R > F_{rix}$ in Aderachsrichtung (Rückzug des Kabels) wird die Haftreibung aufgrund der Relativbewegung von Adern zu Rolle und Werkstückträger bereits vorher überwunden. Dadurch wird der in der Gleitphase geringere Gleitreibungskoeffizient μ ausschlaggebend. Mit einer seitlichen Bewegung der Vereinzelungsrolle oder einer Vibrationsbewegung des Werkstückträgers wird der Winkel α so verändert, daß $\alpha > \rho$ wird.

Durch die im Kabelherstellungsprozeß durchgeführte Verseilung der Adern treten an den Wirkflächen zwischen den Adern erhöhte Haftreibungskräfte auf. Deshalb ist es notwendig, den Verseilverbund vor der Vereinzelungsphase I in einem vorgelagerten Arbeitsschritt zu lösen.

4.1.3.3 Vereinzelungsphase II

Beim Vereinzeln in der Vereinzelungsphase II unterliegen die Adern einer Richtungsänderung am Phasenübergang, die durch den geometrischen Verlauf der Nutfunktion festgelegt ist. Die Adern liegen an dieser Stelle in Bewegungsrichtung der
Vereinzelungsrolle mit einem Richtungswinkel von $\alpha_{li} = 90°$, so daß am Schnittpunkt
zwischen Aderachse und äußerer Nutkante eine Quetschung der Ader auftreten
kann. Die Vereinzelungsrolle ist so zu dimensionieren, daß der Berührungsbereich
der Rolle mit der Ader möglichst klein ist. Deshalb muß der Durchmesser der Rolle so
klein wie möglich gewählt werden. Sobald ein infinitesimales Aderstück dl in die Nut
eingelegt ist, richtet sich die Ader tangential zur Nut aus.

In Abhängigkeit der ausgewählten Nutfunktion läßt sich die Vereinzelungsphase I und
Vereinzelungsphase II prinzipiell durch einen stetigen und unstetigen Phasenübergang verbinden. Die wesentlichen Merkmale sind in Bild 4.5 zusammengefaßt.

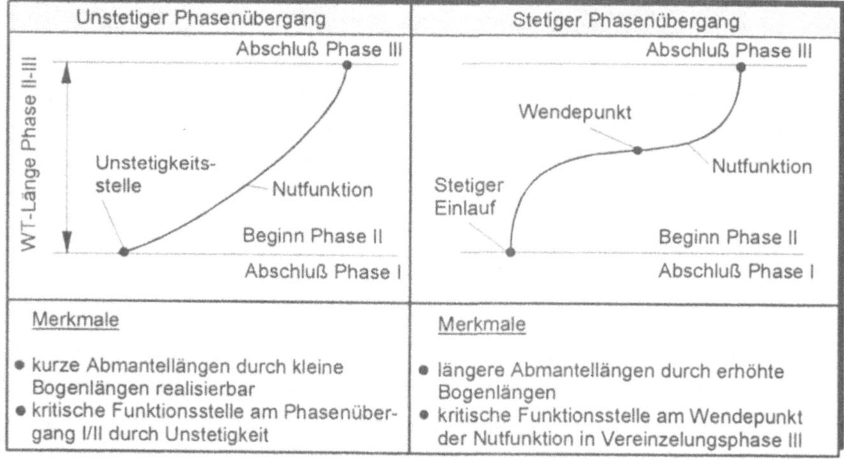

Bild 4.5: Stetiger und unstetiger Phasenübergang

Da zwischen möglicher Aderzahl und erforderlicher Abmantellänge stets ein
Kompromiß gefunden werden muß, werden die kritischen Funktionsstellen beider
Alternativen näher untersucht. Beim unstetigen Phasenübergang wird die Aderzahl
bereits in der Vereinzelungsphase II begrenzt (Bild 4.6). Der Nutverlauf in der Phase
III ist hier von untergeordneter Bedeutung, da sich die Richtung der Nut stets in
Bewegungsrichtung der Rolle verändert. Dadurch können kurze Abmantellängen
realisiert werden. Bei stetigem Phasenübergang hingegen wird die maximal zu

vereinzelnde Aderzahl aufgrund der Wendestelle durch den Nutverlauf in Phase III festgelegt.

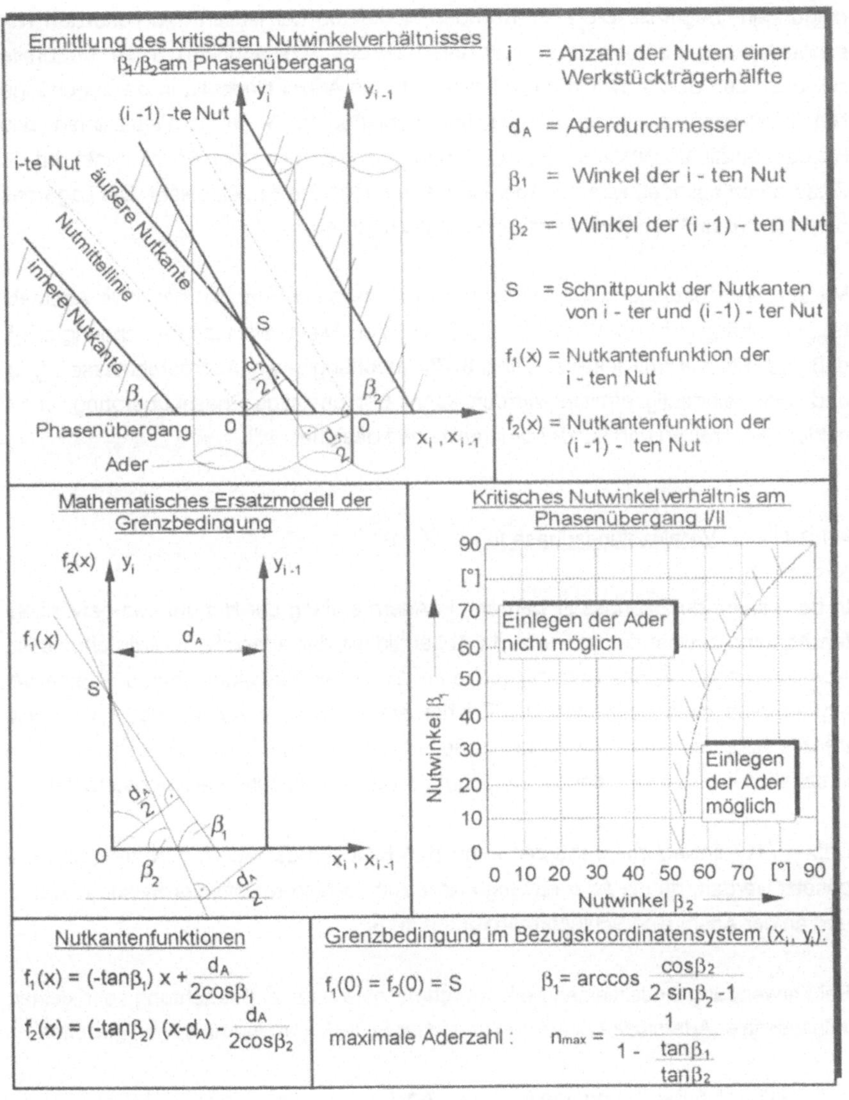

Bild 4.6: Geometrische Randbedingungen beim unstetigen Phasenübergang I/II

Während bei stetigem Einlauf die auf die x-Achse projezierte Nutbreite am Phasenübergang dem Aderdurchmesser d_A entspricht, ist diese bei unstetigem Verlauf
größer. Dadurch wird die mögliche Aderzahl aufgrund der geometrischen Randbedingungen begrenzt. Die angrenzenden Nutkanten der letzten und vorletzten Nut
schneiden sich im Punkt S, so daß unterhalb des Schnittpunktes S die Stegbreite
zwischen den beiden Nuten zu Null wird. Um die Ader i eindeutig in die zugehörige
Nut i einlegen zu können, muß der Schnittpunkt S im 1. Quadranten des
Bezugskoordinatensystems (x_i, y_i) liegen. Sobald sich der Schnittpunkt im 2.
Quadranten befindet, wird die Ader i in die benachbarte Nut eingelegt. Die Lage des
Schnittpunktes S hängt vom Winkelverhältnis β_1/β_2 ab.

Mit der Grenzbedingung im Bezugskoordinatensystem wird die maximale Aderzahl
n_{max} in Abhängigkeit der Winkel β_1 und β_2 ermittelt. Die analytische Berechnung zeigt,
daß das kritische Nutwinkelverhältnis β_1/β_2 unabhängig vom Aderdurchmesser d_A ist
und somit eindeutig ermittelt werden kann. Der unstetige Phasenübergang ist für
mittlere Aderzahlen und kurze Abmantellängen geeignet.

4.1.3.4 <u>Vereinzelungsphase III</u>

In der Vereinzelungsphase III werden die Adern entlang der Nut auf den gewünschten Abstand zueinander gebracht. In Abhängigkeit der Aderzahl, Aderdurchmesser,
Abmantellänge und des Rastabstandes am Ende des Werkstückträgers ist eine ge-
eignete Nutfunktion auszuwählen. Da bei symmetrischem Aufbau des Werkstückträgers stets das Einlegen der beiden äußeren Adern als kritisch anzusehen ist, wird
in sämtlichen nachfolgenden Untersuchungen jeweils die äußerste Nut betrachtet.

Das in /11/ entwickelte Verfahren kann zum Einlegen der Adern in Nuten nicht eingesetzt werden, da die Ader im Gegensatz zum O-Ring ein offenes System darstellt
und an der Ader keine Schlupfkräfte wirken dürfen.

Bei Verwendung eines kleinen Rollendurchmessers und bei Betrachtung sehr kleiner,
infinitesimaler Aderstücke dl werden an dieser Stelle folgende Annahmen getroffen:

- punktförmige Berührung von Rolle und Ader auf der Wälzlinie an jeder Stelle
  (Punktbelastung der Ader)
- tangentiale Ausrichtung der Ader an der Berührstelle x_0 mit Steigungswinkel φ
- der Steigungswinkel φ der Ader entspricht dem Nutwinkel an dieser Stelle
- der Kraftangriffspunkt der Rolle befindet sich an jeder Stelle oberhalb der Ader

- die Ader ist für kleine Bereiche hinter dem Berührpunkt quasi starr.

Durch eine stetige Richtungsänderung der Nut existiert zwischen dem freien Aderende und der Nut eine Lageabweichung Δx in Abhängigkeit vom Abstand des bereits eingelegten Aderstücks. Kleinste inkrementale Aderelemente, welche bereits fast vollständig in der Nut liegen, werden direkt hinter der Wälzlinie von der Rolle nach unten gedrückt. Dadurch richtet sich das restliche Aderende in kleinen Bereichen hinter der Wälzlinie wieder tangential zur Nut aus. Die Ader läßt sich auf Basis der getroffenen Annahmen theoretisch in beliebige Nutverläufe einlegen.

Die zeitliche Richtungsänderung der Ader sollte aufgrund der Massenträgheit der Restaderlänge so klein als möglich sein, so daß der Ader genug Zeit bleibt, dem Verlauf der Nut zu folgen. Die Geschwindigkeit der Richtungsänderung wird durch die Translationsgeschwindigkeit der Rolle v_{TR} sowie der Nutkrümmung festgelegt. Um kurze Einlegezeiten beim Vereinzeln zu erzielen, ist die Krümmung der Nutfunktion an jeder Stelle zu minimieren.

Insbesondere an den Berührstellen zwischen Rolle und Ader ist darauf zu achten, daß die Isolation nicht beschädigt wird. Deshalb muß die Vereinzelungsrolle schlupffrei auf den Adern abrollen. Das Verhältnis von Rotationsgeschwindigkeit zur Translationsgeschwindigkeit wird als Geschwindigkeitsverhältnis GV bezeichnet:

$$GV = \frac{v_{RR}}{v_{TR}} \tag{2}$$

4.1.3.5 Ermittlung der optimalen Nutfunktion

Um bei stetigem Phasenübergang eine maximal mögliche Aderzahl bei minimaler Abmantellänge zu vereinzeln, muß eine optimale Nutfunktion für die Vereinzelungsphasen II und III ausgewählt werden. Es gelten die folgenden Randbedingungen für die Nutfunktion $f_i(x)$:

- Für den Nutwinkel $\varphi_i(x)$ muß an jeder Stelle gelten:

$\varphi_i(x) > 0°$ (Bewegung der Rolle in y-Richtung)

$\varphi_i(x) < 90°$ (Bewegung der Rolle in x-Richtung)

- Minimale Gesamtkrümmung der Nutfunktion, d.h. $R_i(x) >> 0$ an jeder Stelle
- Paralleler Einlauf sämtlicher Adern beim Phasenübergang Phase I / Phase II (parallel zur Mittelachse mit $\varphi_i(x) = 90°$ bzw. $\varphi_i(x) = 0°$)
- Paralleler Auslauf sämtlicher Adern am Ende der Phase III (parallele Weiterverarbeitung der Adern)
- Stetige Differenzierbarkeit (keine Knickpunkte), d.h. $f_i'(x)$ existiert an jeder Stelle
- Minimale Bogenlänge der Nutfunktion

Das Verhältnis der Abstände zwischen Ein- und Auslauf zum Nutwinkel $\varphi_i(x)$ im Wendepunkt und der Länge der Phasen II und III wird als Glättung G bezeichnet. Mit einer Achsverschiebung der äußersten Ader von

$$AV = \frac{(n-1)}{2} \cdot (r_A - d_A) \qquad (3)$$

erhält man die folgende Glättung:

$$G = \frac{\frac{n-1}{2} \cdot (r_A - d_A)}{\varphi_n(x_w)} \cdot \frac{1}{l} \qquad (4)$$

$\varphi_n(x_w)$ = Tangentenwinkel im Wendepunkt der äußersten Nut

Die Glättung, welche bei festgelegter Aderzahl, Aderdurchmesser, Rastabstand und Werkstückträgerlänge durch die Gesamtkrümmung der Nutfunktion bestimmt wird, stellt ein wesentliches Kriterium für die Auswahl einer geeigneten Funktion dar. In Bild 4.7 sind unterschiedliche Funktionen bewertend gegenübergestellt. Bogenlänge, Differenzierbarkeit und Fertigungsaufwand zur Herstellung des Werkstückträgers sind weitere wichtige Bewertungskriterien.

Das kubische Polynom, auch kubische Spline-Funktion genannt, ist aufgrund der geringsten Gesamtkrümmung /49/ und somit der höchsten Glättung die geeignetste Funktion. Durch die geringe resultierende Bogenlänge zwischen Ein- und Auslauf reduziert sich die für das Vereinzeln der Adern notwendige Abmantellänge gegenüber den anderen Funktionen.

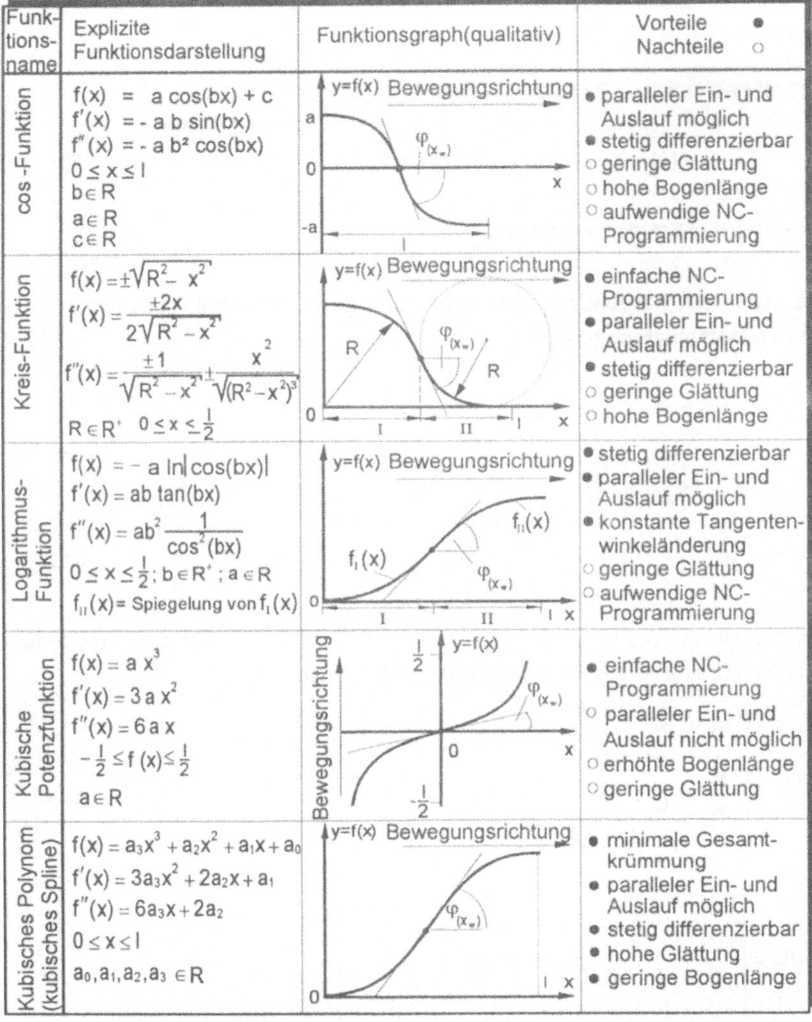

Funktionsname	Explizite Funktionsdarstellung	Funktionsgraph (qualitativ)	Vorteile ● / Nachteile ○
cos-Funktion	$f(x) = a\cos(bx) + c$ $f'(x) = -ab\sin(bx)$ $f''(x) = -ab^2\cos(bx)$ $0 \le x \le l$ $b \in R$ $a \in R$ $c \in R$		● paralleler Ein- und Auslauf möglich ● stetig differenzierbar ○ geringe Glättung ○ hohe Bogenlänge ○ aufwendige NC-Programmierung
Kreis-Funktion	$f(x) = \pm\sqrt{R^2 - x^2}$ $f'(x) = \dfrac{\pm 2x}{2\sqrt{R^2 - x^2}}$ $f''(x) = \dfrac{\pm 1}{\sqrt{R^2 - x^2}} \pm \dfrac{x^2}{\sqrt{(R^2 - x^2)^3}}$ $R \in R^+ \quad 0 \le x \le \frac{l}{2}$		● einfache NC-Programmierung ● paralleler Ein- und Auslauf möglich ● stetig differenzierbar ○ geringe Glättung ○ hohe Bogenlänge
Logarithmus-Funktion	$f(x) = -a\ln|\cos(bx)|$ $f'(x) = ab\tan(bx)$ $f''(x) = ab^2 \dfrac{1}{\cos^2(bx)}$ $0 \le x \le \frac{l}{2}; \ b \in R^+; \ a \in R$ $f_{II}(x) =$ Spiegelung von $f_I(x)$		● stetig differenzierbar ● paralleler Ein- und Auslauf möglich ● konstante Tangentenwinkeländerung ○ geringe Glättung ○ aufwendige NC-Programmierung
Kubische Potenzfunktion	$f(x) = a\,x^3$ $f'(x) = 3a\,x^2$ $f''(x) = 6a\,x$ $-\frac{l}{2} \le f(x) \le \frac{l}{2}$ $a \in R$		● einfache NC-Programmierung ○ paralleler Ein- und Auslauf nicht möglich ○ erhöhte Bogenlänge ○ geringe Glättung
Kubisches Polynom (kubisches Spline)	$f(x) = a_3 x^3 + a_2 x^2 + a_1 x + a_0$ $f'(x) = 3a_3 x^2 + 2a_2 x + a_1$ $f''(x) = 6a_3 x + 2a_2$ $0 \le x \le l$ $a_0, a_1, a_2, a_3 \in R$		● minimale Gesamtkrümmung ● paralleler Ein- und Auslauf möglich ● stetig differenzierbar ● hohe Glättung ● geringe Bogenlänge

Bild 4.7: Bewertung alternativer Nutfunktionen

4.1.3.6 Analytische Auslegung des Werkstückträgers

Mit der mathematischen Darstellung der Nut durch eine parametrisierte Nutfunktion kann der Werkstückträger bei variierenden Randbedingungen optimiert werden. Die ausgewählte Funktion ist ein Polynom der allgemeinen Form

$$f_i(x) = \sum_{k=0}^{m} a_{ik} \cdot x^k \tag{5}$$

und läßt sich mit m = 3 in der expliziten Form mit

$$f_i(x) = a_{i3} \cdot x^3 + a_{i2} \cdot x^2 + a_{i1} \cdot x + a_{i0} \tag{6}$$

als kubisches Polynom darstellen.

Die genannten Randbedingungen lassen sich bei einer zentral verlaufenden Nut mit Index 0 mathematisch beschreiben:

$$f_i(0) \quad = \ i \cdot d_A \tag{7}$$

$$f_i(l) \quad = \ i \cdot r_A \tag{8}$$

$$\frac{d}{dx} \, f_i(0) \ = 0 \tag{9}$$

$$\frac{d}{dx} \, f_i(l) \ = 0 \tag{10}$$

Bei bekannten Parametern i, d_A, r_A und l können die Nutkoeffizienten mit Hilfe der Leibnitz - Cramerschen Regel /47/ und den Determinanten

$$\det A = \begin{bmatrix} 0 & 0 & 0 & 1 \\ l^3 & l^2 & l & 1 \\ 0 & 0 & 1 & 0 \\ 3 \cdot l^2 & 2 \cdot l & 1 & 0 \end{bmatrix} \tag{11}$$

$$\det A_1 = \begin{bmatrix} i \cdot d_A & 0 & 0 & 1 \\ i \cdot r_A & l^2 & l & 1 \\ 0 & 0 & 1 & 0 \\ 0 & 2 \cdot l & 1 & 0 \end{bmatrix} \qquad \det A_2 = \begin{bmatrix} 0 & i \cdot d_A & 0 & 1 \\ l^3 & i \cdot r_A & l & 1 \\ 0 & 0 & 1 & 0 \\ 3 \cdot l^2 & 0 & 1 & 0 \end{bmatrix} \tag{12}$$

$$\det A_3 = \begin{bmatrix} 0 & 0 & i \cdot d_A & 1 \\ l^3 & l^2 & i \cdot r_A & 1 \\ 0 & 0 & 0 & 0 \\ 3 \cdot l^2 & 2 \cdot l & 0 & 0 \end{bmatrix} \qquad \det A_4 = \begin{bmatrix} 0 & 0 & 0 & i \cdot d_A \\ l^3 & l^2 & l & i \cdot r_A \\ 0 & 0 & 1 & 0 \\ 3 \cdot l^2 & 2 \cdot l & 1 & 0 \end{bmatrix} \tag{13}$$

sofort berechnet werden.

$$a_{i3} = \frac{\det A_1}{\det A}; \quad a_{i2} = \frac{\det A_2}{\det A}; \quad a_{i1} = \frac{\det A_3}{\det A}; \quad a_{i0} = \frac{\det A_4}{\det A} \tag{14}$$

Die Nutfunktionen $f_i(x)$ einer Hälfte sind somit bekannt. Die Funktionen der zweiten Hälfte des Werkstückträgers lassen sich durch Spiegelung an der x-Achse berechnen.

Zur Optimierung des Werkstückträgers durch Variation der Parameterwerte werden die Gleichungen (7) - (10) schrittweise nach den Koeffizienten a_{i0}, a_{i1}, a_{i2} und a_{i3} aufgelöst.

Daraus ergibt sich die parametrisierte Nutfunktion zu:

$$f_i(x) = -\frac{2 \cdot i \cdot (r_A - d_A)}{l^3} x^3 + \frac{3 \cdot i \cdot (r_A - d_A)}{l^2} x^2 + i \cdot d_A \tag{15}$$

Die kritische Wendestelle x_w berechnet sich mit Hilfe der 2. Ableitung. Es gilt $\frac{d^2}{dx^2} f_i(x) = 0$:

$$-\frac{12 \cdot i \cdot (r_A - d_A)}{l^3} x_w + \frac{6 \cdot i \cdot (r_A - d_A)}{l^2} = 0 \tag{16}$$

Daraus erhält man $x_w = l/2$ für sämtliche Nutfunktionen $f_i(x)$, Aderdurchmesser d_A, Aderabstände r_A und Werkstückträgerlängen l.

Mit $\tan \varphi = f'(x)$ erhält man für den Nutwinkel im Wendepunkt

$$\varphi_i(x_w) = \arctan\left(\frac{3}{2} \cdot \frac{i \cdot (r_A - d_A)}{l}\right) \tag{17}$$

Der Ausdruck $\frac{3}{2} \cdot (r_A - d_A)$ wird als Geometriefaktor GF bezeichnet.
Somit ist

$$\varphi_i(x_w) = f(i, GF, l) \tag{18}$$

Die mathematische Beschreibung des Werkstückträgers ist aus <u>Bild 4.8</u> ersichtlich.

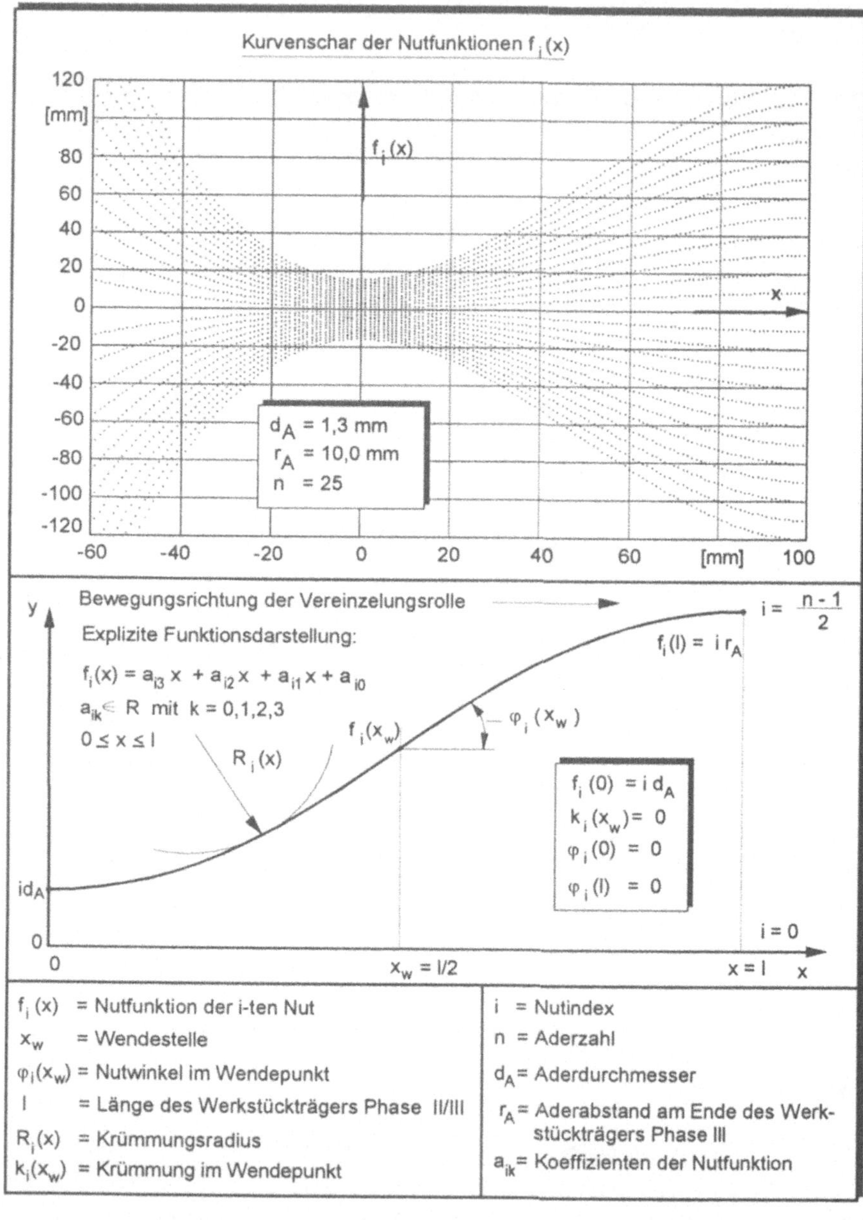

$f_i(x)$ = Nutfunktion der i-ten Nut	i = Nutindex	
x_w = Wendestelle	n = Aderzahl	
$\varphi_i(x_w)$ = Nutwinkel im Wendepunkt	d_A = Aderdurchmesser	
I = Länge des Werkstückträgers Phase II/III	r_A = Aderabstand am Ende des Werkstückträgers Phase III	
$R_i(x)$ = Krümmungsradius		
$k_i(x_w)$ = Krümmung im Wendepunkt	a_{ik} = Koeffizienten der Nutfunktion	

Bild 4.8: Mathematische Beschreibung des Werkstückträgers durch kubische Spline-Funktionen

4.1.4   Experimentelle Untersuchungen und Ermittlung von Einflußfaktoren

Um die Ergebnisse der theoretischen Überlegungen nachzuweisen, werden unterschiedliche Versuchsreihen durchgeführt. Dadurch können die optimalen Parameterwerte für die Auslegung eines Systems zur automatischen Terminierung hochpoliger Rundkabel ermittelt werden. Bild 4.9 zeigt wesentliche Einflußfaktoren auf den Vereinzelungsprozeß.

<table>
<tr><td colspan="2" align="center">Kabel und Adern</td><td colspan="2" align="center">Prozeß</td></tr>
<tr>
<td colspan="2">
- Aderzahl n
- Aderdurchmesser d_A
- Reibkoeffizient der Aderisolation μ
- Abmantellänge (freie Aderlänge) l_{ab}
- Litzenaufbau
</td>
<td colspan="2">
- Druckkraft der Rolle F_D
- Translationsgeschwindigkeit Rolle V_{TR}
- Rotationsgeschwindigkeit Rolle V_{RR}
- Geschwindigkeitsverhältnis GV
- Rückzugskraft F_R
</td>
</tr>
<tr>
<td colspan="2">
- Nutfunktion des Nutverlaufs $f_i(x)$
- Nutquerschnitt
- Reibkoeffizient μ des Werkstückträgers
- Rastabstand r_A
- Werkstückträgerlänge l
</td>
<td colspan="2">
- Reibkoeffizient der Rolle μ
- Rollendurchmesser D_R
- Werkzeuggewicht F_{WZG}
</td>
</tr>
<tr><td colspan="2" align="center">Werkstückträger</td><td colspan="2" align="center">Vereinzelungswerkzeug</td></tr>
</table>

<u>Bild 4.9</u>:   Einflußfaktoren auf den Vereinzelungsprozeß

Der für die Versuchsdurchführung entwickelte Versuchsträger mit integrierter Vereinzelungsrolle wird als Vereinzelungswerkzeug bezeichnet. Das Werkzeug zeichnet sich durch eine in z-Richtung verschiebbar gelagerte Rolle aus, welche durch einen DC-Servomotor angetrieben wird. Somit kann die absolute Größe und Richtung der Rotationsgeschwindigkeit freiprogrammierbar eingestellt werden. Durch Einstellen der Federelemente in der z-Verschiebung als auch durch Positionierung der Rolle in z-Richtung kann die Andrückkraft variiert werden.

4.1.4.1   Ermittlung der erforderlichen Zug- und Druckkräfte in der Vereinzelungsphase I

Da eine deterministische Berechnung der für die parallele Anordnung der Adern in der Vereinzelungsphase I notwendigen Rückzugskraft F_R und Rollendruckkraft F_D

nicht möglich ist, werden diese mit Hilfe der in <u>Bild 4.10</u> dargestellten Versuchsanordnung experimentell ermittelt.

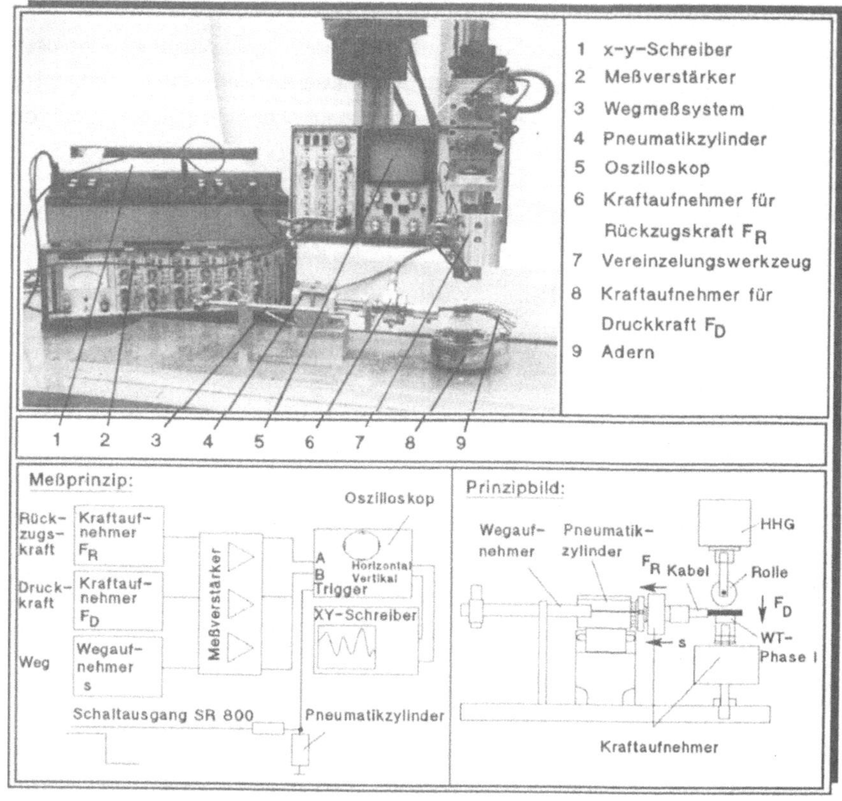

<u>Bild 4.10</u>:   Versuchsanordnung zur Ermittlung der Zug- und Druckkräfte

<u>Bild 4.11</u> zeigt eine charakteristische Meßkurve der Kräfte F_D und F_R über der Zeit t (F_D = 50 N am Anfang). Nach einer Verlustzeit von ca. 60 ms aufgrund des Druckaufbaus im Zylinder wird die Haftreibung mit der Rückzugskraft F_{Rmax} (Bereich I) überwunden. Danach werden die Adern in einer Ebene angeordnet. Die verbleibende Druckkraft verringert sich in Abhängigkeit der Federkonstanten der im Werkzeug eingesetzten Feder. Die Rückzugskraft im Bereich III entsteht durch Reibung der Adern an der Auflage.

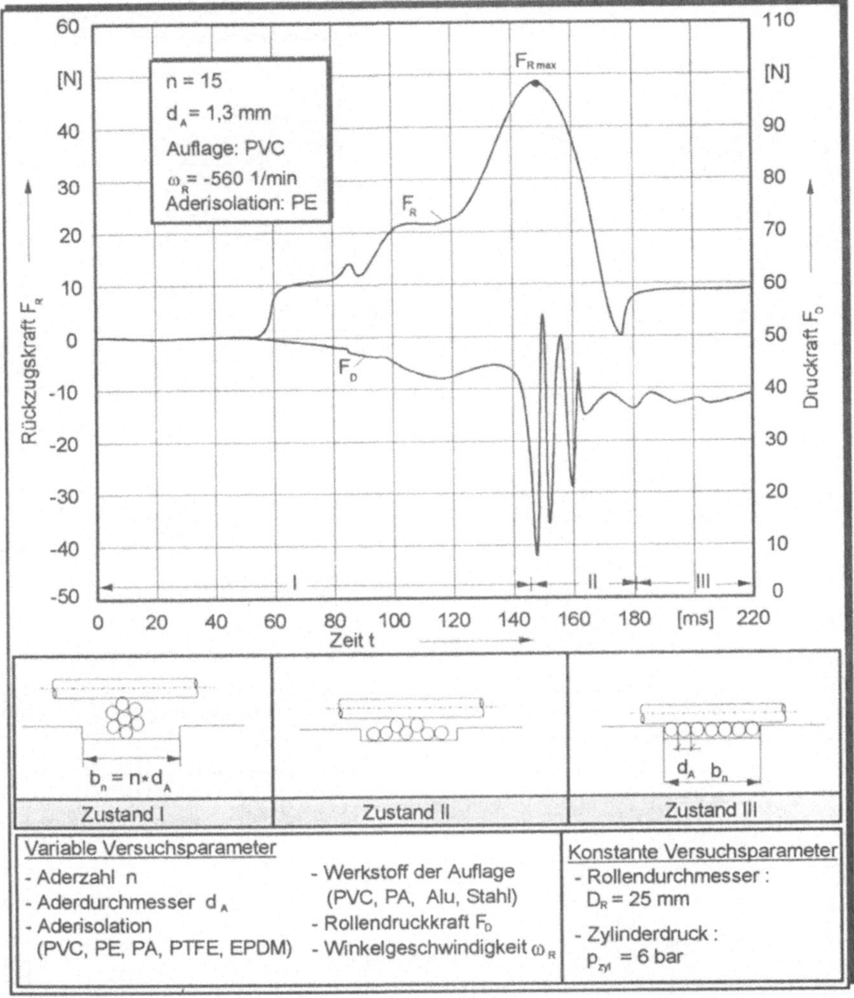

<u>Bild 4.11:</u>   Charakteristische Meßkurve der Kräfte F_D und F_R

Mit Hilfe der Ergebnisse lassen sich folgende Aussagen treffen:

- Ohne Rückzug des Kabels wird die erforderliche Druckkraft zu groß
  (Beschädigung der Adern bei $F_D > 100$ N).
- Der für die erforderliche Abmantellänge zu berücksichtigende Rückzugsweg
  beträgt durchschnittlich s = 18 mm.

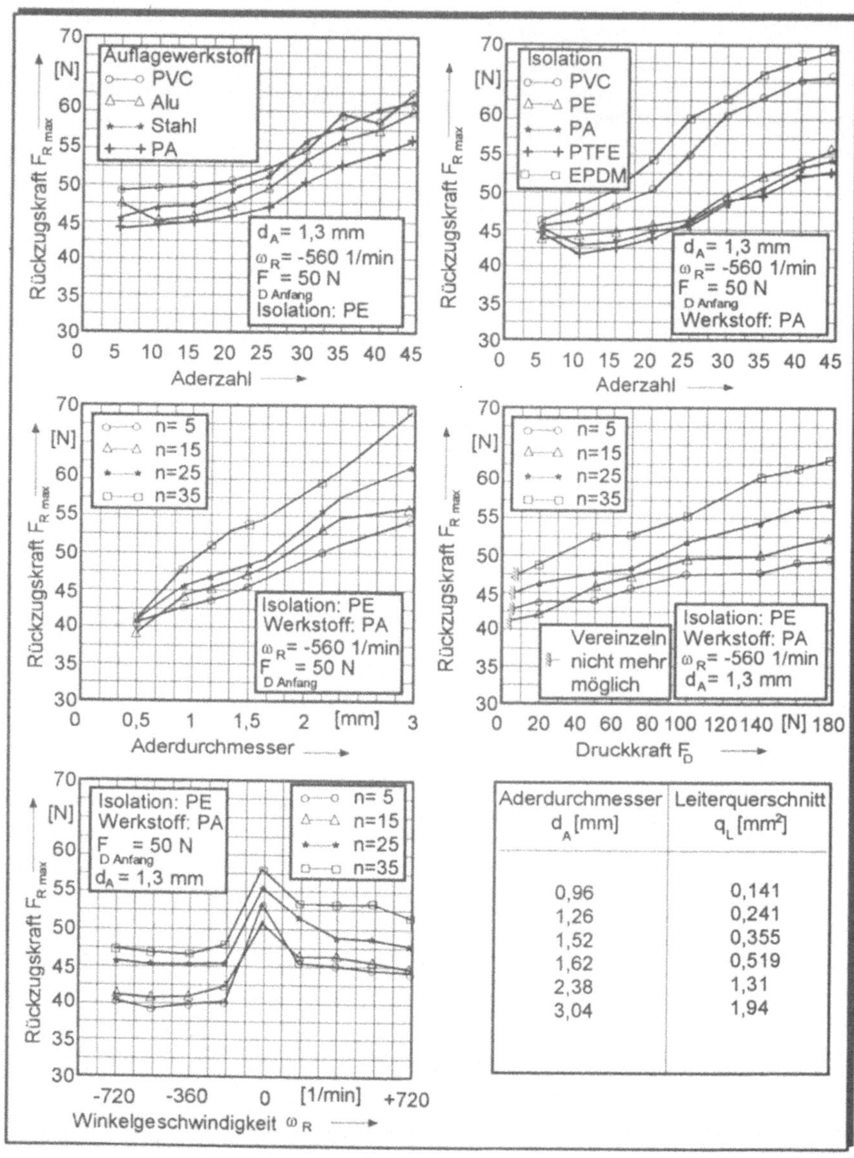

Aderdurchmesser d_A [mm]	Leiterquerschnitt q_L [mm²]
0,96	0,141
1,26	0,241
1,52	0,355
1,62	0,519
2,38	1,31
3,04	1,94

Bild 4.12: Versuchsergebnisse

- Zur Überwindung der Haftreibung ist die Rückzugskraft F_{Rmax} notwendig. Kurvenschwankungen entstehen durch den Stick - Slip - Effekt an den Wirkflächen.
- Nachdem die Haftreibung überwunden ist, werden die Adern mit minimaler Zeitverzögerung parallel angeordnet.
- Die notwendige Druckkraft F_D zur Zeit $t = 0$ läßt sich auf ein Minimum reduzieren, so daß die Kräfte auf die Adern unkritisch sind ($F_{Derf} < 20$ N).
- Die erforderliche Rückzugskraft nimmt mit steigendem Aderdurchmesser, Aderzahl und Druckkraft F_D zu.
- Adern mit einer weichen Isolation (PVC, EPDM) lassen sich schwerer anordnen.
- Eine negative Drehrichtung der Rolle ist aufgrund der Reibungsverhältnisse am günstigsten.

Die Versuchsergebnisse bestätigen weitgehend die theoretischen Überlegungen.

4.1.4.2 Ermittlung des kritischen Nutwinkels

Zur Untersuchung des tatsächlichen Einlegeverhaltens der Adern in Nuten mit geometrisch definiertem Verlauf wurde der in Bild 4.13 dargestellte Versuchsaufbau realisiert. Da beim Einlegen stets die äußere Nut kritisch ist, wurden die Versuchsreihen anhand einer einzelnen Ader durchgeführt.

Aufgrund der bereits gestellten Anforderungen an einen zur Wälzlinie senkrechten Ein- und Auslauf der Nut ist diese zwangsläufig durch eine Wendestelle gekennzeichnet. Bis zu dieser Stelle nimmt der Winkel zwischen Aderachse und Wälzlinie stetig zu. Mit Hilfe der durchgeführten Versuchsreihen wird der Grenzwinkel ermittelt, bei dem die Ader gerade noch ohne Beschädigung eingelegt werden kann. Nach dem manuellen Einlegen der Ader an den Anfang der Nut wird die Vereinzelungsrolle mit einem Abstand von 0,1 mm zur Werkstückträgeroberfläche positioniert. Aufgrund des Abstandes wirken keine vertikalen Druckkräfte auf den Werkstückträger, so daß hier im Gegensatz zum Eindrücken von einem nahezu kräftefreien Einlegen der Ader durch Abrollen der Vereinzelungsrolle ausgegangen werden kann. Während des Einlegens werden die Kräfte in x- und z-Richtung gemessen. Die gemessenen Kräfte werden anschließend mit Hilfe eines Speicheroszilloskops und einem x-y-Schreiber über der Zeit aufgetragen. Der Einsatz eines Handhabungsgerätes ermöglicht die Variation der Translationsgeschwindigkeit. Durch Einstellung der Rotationsgeschwindigkeit der Rolle wird das Geschwindigkeitsverhältnis variiert.

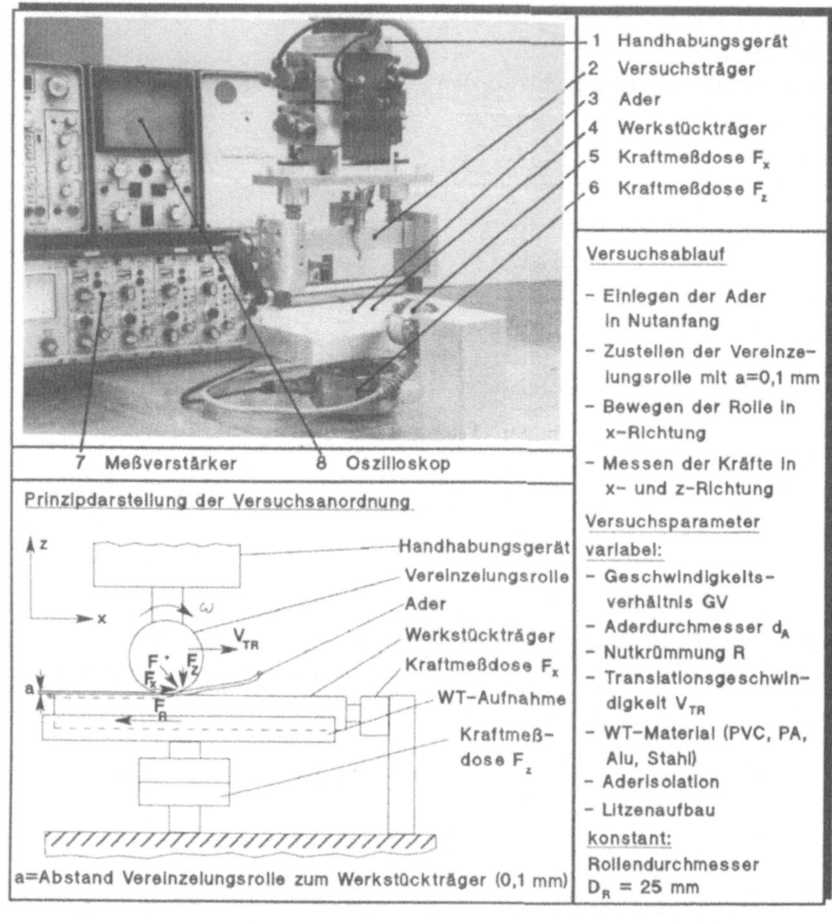

Bild 4.13: Versuchsanordnung zur Ermittlung des kritischen Nutwinkels

Eine charakteristische Meßkurve der Kräfte F_x und F_z ist in **Bild 4.14** dargestellt. Die Kraftverläufe bilden den Einlegevorgang deutlich ab. Im ersten Bereich wird die Ader ohne Probleme kräftefrei eingelegt. Sobald der kritische Winkel φ_k erreicht ist, nimmt die Kraft in beiden Richtungen zu. An der Stelle mit $F_z = F_{zmax}$ tritt ein Fügefehler auf. Die Ader läuft aus der Nut und kommt zwischen Werkstückträger und Rolle zum Liegen, so daß der Fügevorgang gescheitert ist. Durch die vom Vereinzelungswerkzeug (Federwirkung der z-Verschiebung) erzeugte vertikale Druckkraft unterliegt die Ader einer plastischen Verformung, wodurch die Kraft F_z wieder abnimmt. Die verbleibende Kraft F_x nach dem Austritt der Ader entsteht durch Reibung zwischen Ader und Rolle.

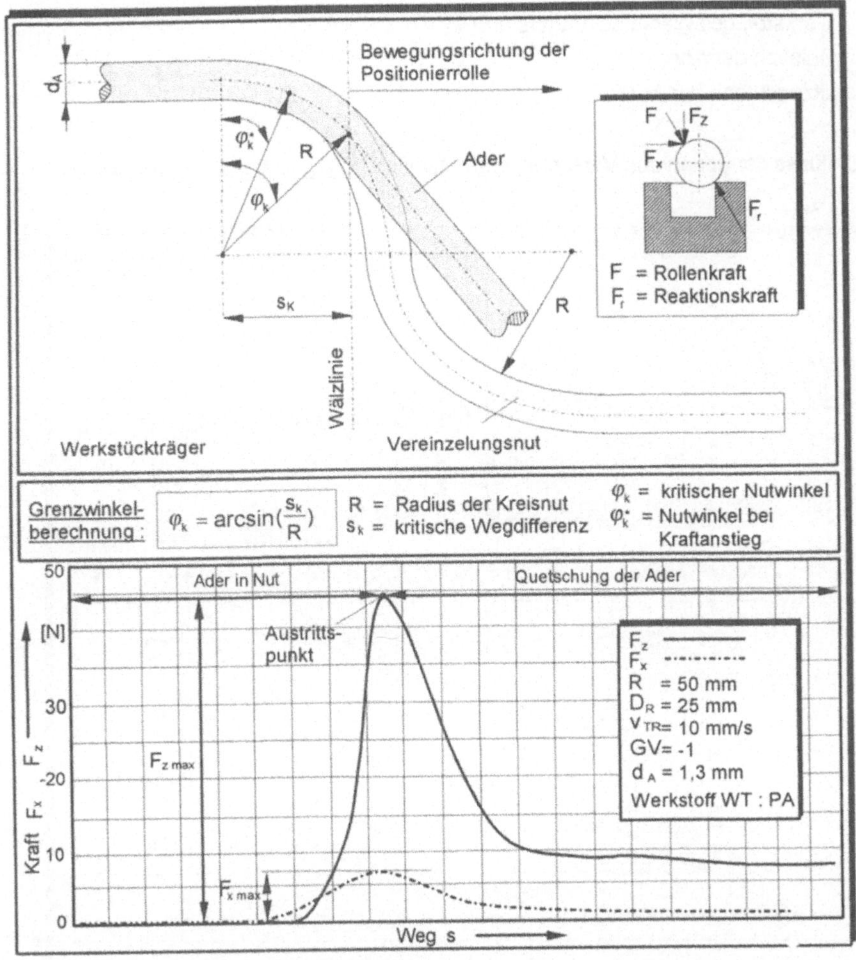

<u>Bild 4.14:</u> Charakteristische Meßkurve zur Untersuchung des Einlegeprozesses

Der Austrittswinkel φ_k wird als kritischer Nutwinkel bezeichnet und ist eine entscheidende Größe bei der analytischen Optimierung der Werkstückträgergeometrie. Dieser wird empirisch ermittelt in Abhängigkeit von

- Nutkrümmungsradius R,
- Aderdurchmesser d_A,
- Vereinzelungsgeschwindigkeit V_{TR},
- Geschwindigkeitsverhältnis GV,
- Werkstoff des Werkstückträgers und
- Isolation der Ader
- Litzenaufbau der Ader

Einflüsse der genannten Versuchsparameter sind in __Bild 4.15__ grafisch dargestellt.

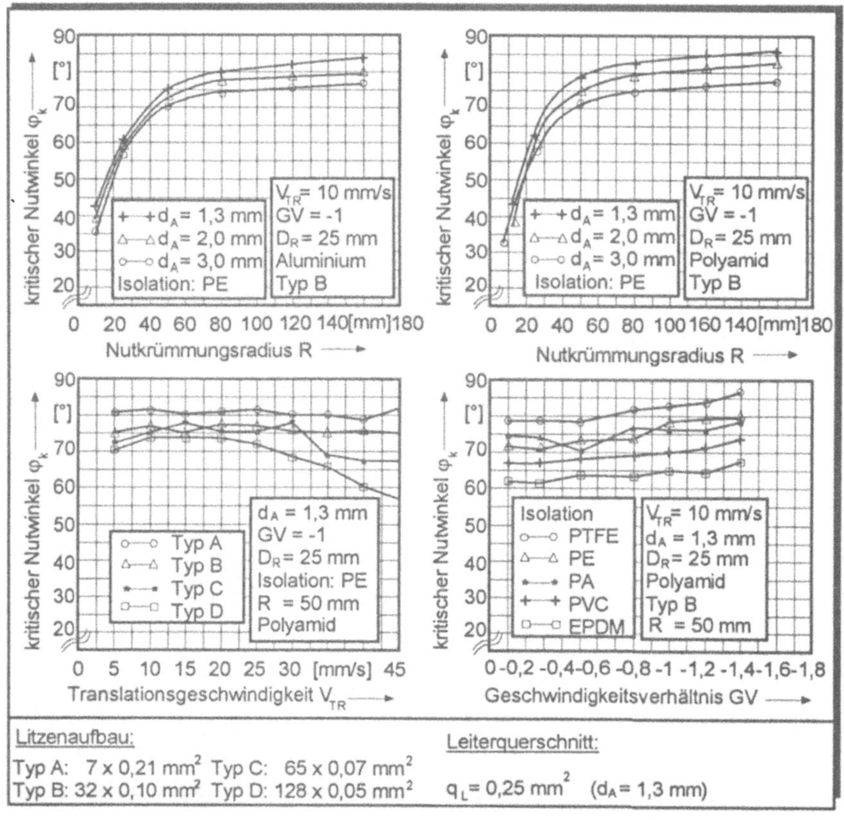

__Bild 4.15:__   Einfluß von Nutkrümmung, Aderdurchmesser, Translationsgeschwindigkeit, Geschwindigkeitsverhältnis, Werkstoff und Litzenaufbau

Die Ergebnisse lassen sich wie folgt zusammenfassen:

- Der kritische Nuttangentenwinkel φ_k ist abhängig vom Krümmungsradius der Nut. Die Krümmung der Nutfunktion sollte so gering wie möglich gewählt werden.
- Adern mit geringem Durchmesser (d_A = 1,3 mm) haben ein günstigeres Einlegeverhalten als solche mit großem Durchmesser (d_A = 3 mm).
- Der Werkstoff Polyamid weist gegenüber Aluminium und Stahl aufgrund des kleineren Reibungskoeffizienten günstigere Eigenschaften auf.
- Die Vereinzelungsgeschwindigkeit hat keinen wesentlichen Einfluß auf den Einlegeprozeß.
- Der Nutwinkel φ_k ist bei Adern mit kleiner Litzenzahl und größerem Litzendurchmesser größer (quasi starr hinter dem Berührpunkt).

Die experimentellen Untersuchungen weichen von den theoretischen Ergebnissen aufgrund der getroffenen vereinfachten Annahmen dahingehend ab, daß ein kritischer Winkel zwischen Aderachse und Wälzlinie existiert. Sobald dieser Winkel erreicht ist, kann die Ader nicht mehr eingelegt werden. Während die Rolle bei ausreichend kleinem Rollendurchmesser D_R und kleinem Nutwinkel die Ader nur an einer Stelle der Wälzlinie berührt, tritt für φ gegen 90° ein Grenzfall ein, bei dem die Rolle gleichzeitig an einer zweiten Stelle der Ader aufsetzt und diese dort an der Nutkante abquetscht. Deshalb ist eine Optimierung des Werkstückträgers unter Berücksichtigung der erzielten Versuchsergebnisse erforderlich.

4.1.5 Optimierung des Werkstückträgers durch Variation der Parameterwerte

Da der empirisch ermittelte kritische Nutwinkel nicht überschritten werden darf, ist die maximale Aderzahl i_{max} pro Werkstückträgerseite nach Gleichung (18) durch die Beziehung

$$i_{max} = \frac{l}{GF} \cdot \left| \tan\varphi_k(x_w) \right| \tag{19}$$

begrenzt.

Die Abhängigkeiten sind in Bild 4.16 dargestellt.

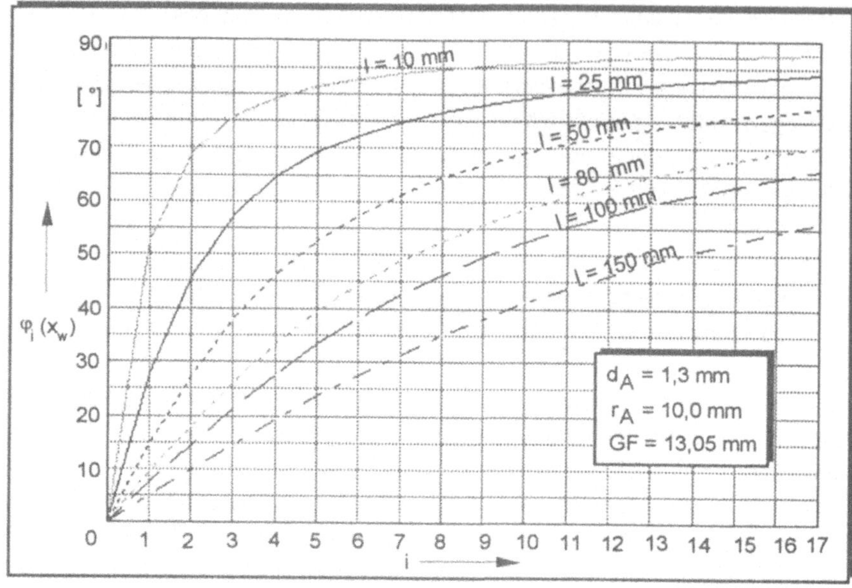

<u>Bild 4.16:</u> Abhängigkeiten von Aderzahl, Nutwinkel und Werkstückträgerlänge

Aufgrund der Abhängigkeit des Nutwinkels vom Krümmungsradius ist es erforderlich, den Radius an jeder Stelle der Nut nach /47/ zu berechnen.

$$R_i(x) = \frac{\left(1 + \left(\frac{d}{dx} f_i(x)\right)^2\right)^{3/2}}{\frac{d^2}{dx^2} f_i(x)} \tag{20}$$

Durch Einsetzen der parametrisierten Nutfunktion (15) in (20) erhält man:

$$R_i(x) = \frac{\left[1 + 36 \cdot i^2 \cdot \frac{(r_A - d_A)^2}{l^6} \cdot x^4 - 72 \cdot i^2 \frac{(r_A - d_A)^2}{l^5} \cdot x^3 + 36 \cdot i^2 \cdot \frac{(r_A - d_A)^2}{l^4} \cdot x^2\right]^{\frac{3}{2}}}{\left[-12 \cdot i \cdot \frac{(r_A - d_A)}{l^3} \cdot x + 6 \cdot i \cdot \frac{(r_A - d_A)}{l^2}\right]} \tag{21}$$

Die Abhängigkeiten von Aderzahl, Nutwinkel, Krümmungsradius und Werkstückträgerposition sind in <u>Bild 4.17</u> dargestellt.

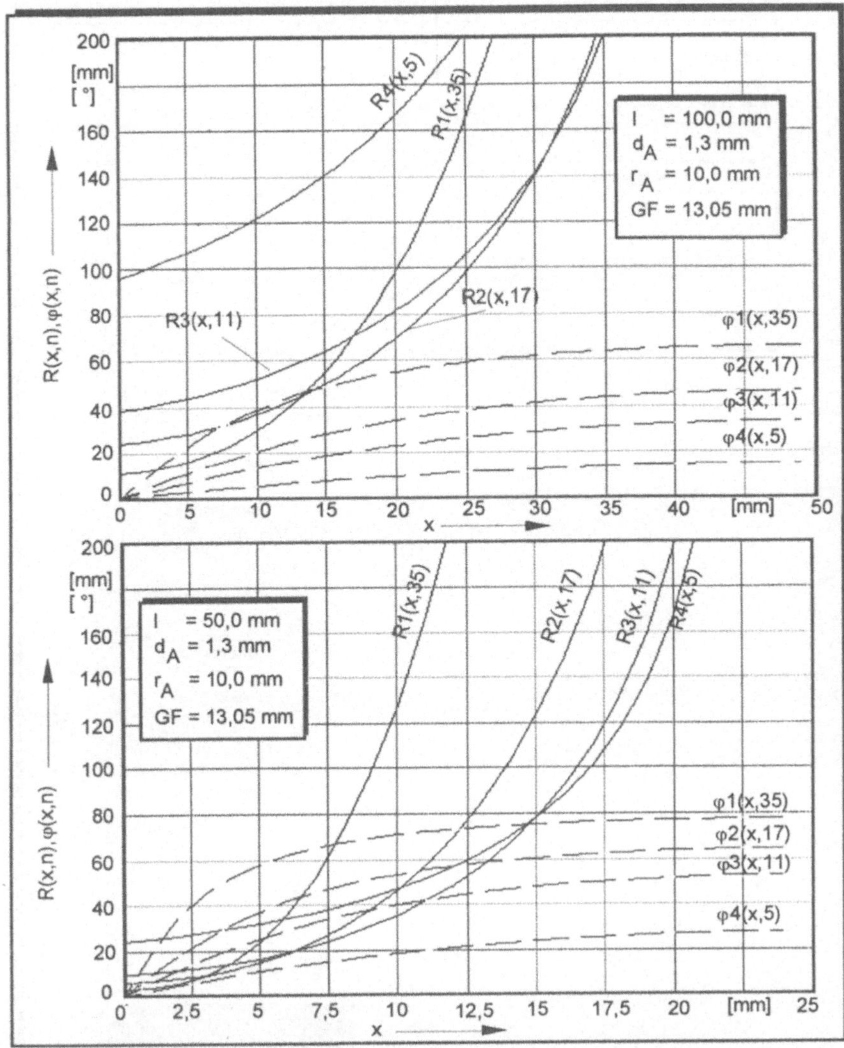

Bild 4.17: Krümmungsradius und Nutwinkel in Abhängigkeit der Werkstückträgerposition und Aderzahl

Zur Überprüfung der ausgewählten Werkstückträgergeometrie kann eine rechnerunterstützte Optimierung nach dem in **Bild 4.18** dargestellten Ablaufdiagramm durchgeführt werden. Nach Eingabe der Produkt-, Werkstückträger- und Prozeßparameter werden die aufgestellten mathematischen Terme automatisch berechnet.

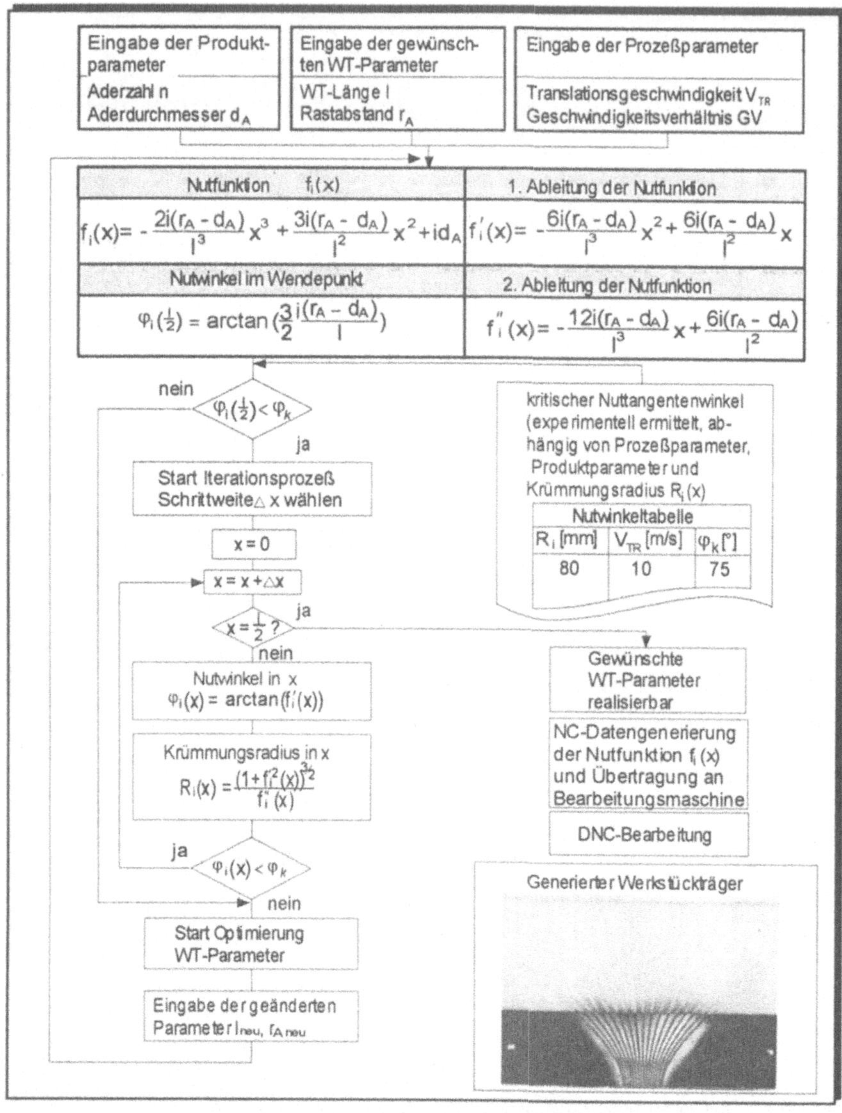

Nutwinkeltabelle:

R_i [mm]	V_{TR} [m/s]	φ_k [°]
80	10	75

<u>Bild 4.18:</u>   Ablaufdiagramm zur rechnerunterstützten Optimierung der Werkstückträgergeometrie

Die Werkstückträgerparameter können nach jedem Lauf beliebig geändert werden, so daß die erforderliche Abmantellänge des Kabels durch Optimierung der Werkstückträgerlänge auf ein Minimum reduziert werden kann.

Bild 4.19 zeigt vier Beispiele von Werkstückträgern, die nach einer theoretischen Berechnung und Erstellung eines entsprechenden NC-Programms hergestellt und getestet wurden.

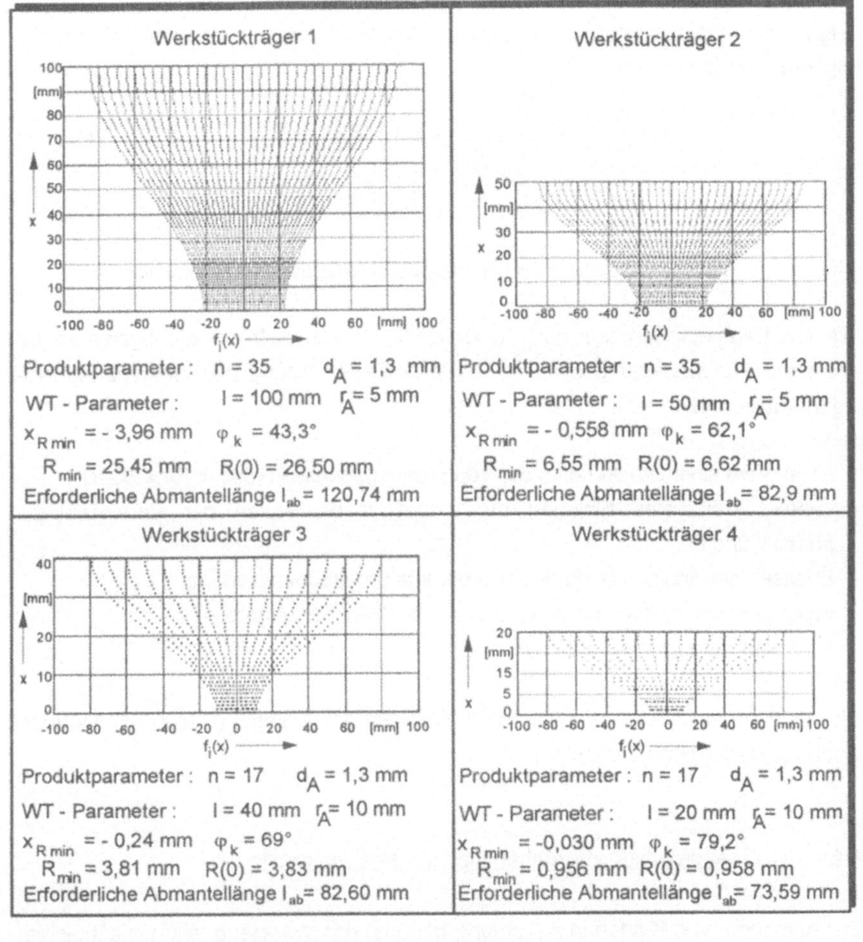

Bild 4.19:   Beispielhafte Werkstückträger bei variierten Parametern

Die Bogenlänge L_i der Nutfunktion $f_i(x)$ wird aus der Beziehung

$$dL_i^2 = dy^2 + dx^2 \tag{22}$$

hergeleitet.

Man erhält:

$$L_I = \int_0^I \sqrt{1 + f_I'^2(x)} \cdot dx \qquad (23)$$

Die notwendige Abmantellänge l_{ab} ergibt sich aus der Bogenlänge $L_{(\frac{n-1}{2})}$, der Phasenlänge l_I, der Rückzugslänge s sowie dem Aderüberstand u zur Bearbeitung in nachfolgenden Stationen:

$$l_{ab} = L_{(\frac{n-1}{2})} + l_I + s + u \qquad (24)$$

4.2 Konzeption und Entwicklung des Vereinzelungswerkzeuges

Mit den Erkenntnissen aus den Vorversuchen lassen sich die wichtigsten einzuhaltenden Randbedingungen an die konstruktive Gestaltung des Werkzeuges festlegen. Diese sind:

- Erzeugung einer Druckkraft in der Vereinzelungsphase I ($15\,N < F_D < 50\,N$),
- nahezu kräftefreies Einlegen der Adern in die Nuten der Vereinzelungsphase II und III,
- Erfassen der Aderzustände durch integrierte Prozeßüberwachung,
- freiprogrammierbare Drehzahleinstellung der Vereinzelungsrolle,
- Rollendurchmesser $D_R < 25\,mm$.

Die beiden wichtigsten Funktionseinheiten Rollenaufhängung und Prozeßüberwachung werden genauer betrachtet.

4.2.1 Alternativen zur Aufhängung der Positionierrolle

Zur Aufnahme von Kräften in z-Richtung benötigt das Werkzeug eine z-Nachgiebigkeit in Form eines Feder-/Dämpfungs-Moduls. Um eine Beschädigung der Adern bei Austreten aus der Nut zu vermeiden, muß die Rolle in z-Richtung ausweichen können, ohne dabei erhöhte Kräfte auf die Ader auszuüben. Gleichzeitig muß das Werkzeug jedoch in der Lage sein definierte, einstellbare Druckkräfte auf das Aderbündel in der Vereinzelungsphase I zu erzeugen. Alternative Lösungsprinzipien für eine Rollenaufhängung sind in **Bild 4.20** dargestellt. Obwohl bei einem

Differenzkraftzylinder (Alternative 3) die Kraft auf die Ader theoretisch Null wäre, ist diese nicht die beste Lösung, da hiermit keine einstellbaren Druckkräfte erzeugt werden können. Deshalb wird ein Differenzkraftzylinder in Kombination mit einer Druckfeder als optimale Lösung ausgewählt. Die Kräfte auf die Ader sind bei entspannter Feder (Luft zwischen Feder und Auflage) und kleinen Auslenkungen s_1 < 2 mm ebenfalls annähernd Null (abhängig von Reibungsverlusten während der Bewegung). Durch unterschiedliche Wirkflächen im Zylinder in Abhängigkeit der gewählten Kolbenstangenflächen werden bei gleichem Anschlußdruck unterschiedliche Kräfte auf die beiden Kolbenseiten erzeugt. Die Kraftdifferenz wirkt der Gewichtskraft des Vereinzelungswerkzeuges entgegen, welches in einen Schwebezustand versetzt wird.

● gut ◐ mittel ○ schlecht		Druckfeder	Zugfeder	Differenzkraft-zylinder	Differenzkraftzyl./ Druckfeder
Prinzip-darstellung					
Kräfteverhältnis	Gleich-gewicht	$s_0 = \dfrac{F_{WZG}}{D}$	$s_0 = \dfrac{F_{WZG}}{D}$	$F_{WZG} = p\,(A_2 - A_1)$	$F_{WZG} = p\,(A_2 - A_1)$ $s_0 = 0$, $F_F = 0$
	Bei Aus-lenkung s_1	$F_A = C_F \cdot s_1$	$F_A = C_F \cdot s_1$	$F_A \approx 0$	$F_A \approx 0$
Kraftein-stellung		Federauswahl mit definierter Kennlinie	Federauswahl mit definierter Kennlinie	Druckregelung	-Druckregelung -Federauswahl mit definierter Kennlinie
Integration in WZG		●	◐	●	●
Erzeugung von Druckkräften (Phase I)		Eigengewicht WZG	Eigengewicht WZG	-	Druckfeder
Technischer Aufwand		●	●	◐	◐

s_1 = Auslenkung der Rolle bei Aderaustritt
s_0 = Auslenkung der Feder im Gleichgewichtszustand
F_{WZG} = Gewichtskraft des Werkzeuges
F_F = Federkraft
F_A = wirkende Kraft auf Ader
C_F = Federkonstante

<u>Bild 4.20:</u>   Alternativen zur Aufhängung der Vereinzelungsrolle

4.2.2   Integrierte Prozeßüberwachung

Um ein eventuelles Austreten der Ader aus der Nut feststellen zu können, muß die Position der Rolle in z-Richtung ständig überwacht werden. Bild 4.21 zeigt Alternativen zur Erfassung der Aderzustände. Während die Kraft als indirekte Meßgröße erfaßt und anschließend in Abhängigkeit der Federkonstanten c_F in eine Weggröße umgerechnet werden muß, kann die Auslenkung mit Hilfe eines Wegmeßsystems direkt erfaßt und in der Werkzeugsteuerung verarbeitet werden. Da mit Alternative 1 im Gegensatz zur Alternative 3 analoge Werte aufgenommen werden können, wird diese als optimale Lösung ausgewählt.

Alternative		I	II	III
Meßgröße		Weg	Kraft	Zustand
Prinzip-darstellung		Wegmeßsystem / Rolle / s_i / WT / Ader	DMS (Piezo) / Rolle / s_i / WT / Ader	Endschalter / Rolle / s_i / WT / Ader
	Mögliche Anordnung	• im Werkzeug	• im Werkzeug • unterhalb WT	• im Werkzeug
Bewertungskriterien / Merkmale	Funktions-träger	• induktiver Wegmeß-geber • kapazitiver Wegmeß-geber • Potentiometer	• Dehnmeßstreifen • Piezo-Element	• berührender Endschalter • berührungsloser Endschalter
	Eingangs-größe	Weg	Kraft	Signal
	Ausgangs-größe	Weg	Weg $\left(s = \dfrac{F}{c_F} \right)$	Weg (s=const.)
	Integration im WZG	günstig	ungünstig	günstig
	Meßge-nauigkeit	1 µm	0,01 N	-
	Kosten	< 1.500 DM	1.000 - 5.000 DM	< 300 DM

Bild 4.21:   Konzeption einer integrierten Prozeßüberwachung zur Erfassung der Aderzustände

Tritt eine Fehlermeldung während des Vereinzelungsprozesses auf, so gibt es prinzipiell zwei Strategien:

- Abbrechen des Vorgangs und anschließend wiederholte Durchführung.
- Abbrechen des Vorgangs und Ausschleusen der Kabel an einen manuellen Nacharbeitsplatz.

Das entwickelte Werkzeug ist mit seinen wichtigsten Teilkomponenten in Bild 4.22 dargestellt.

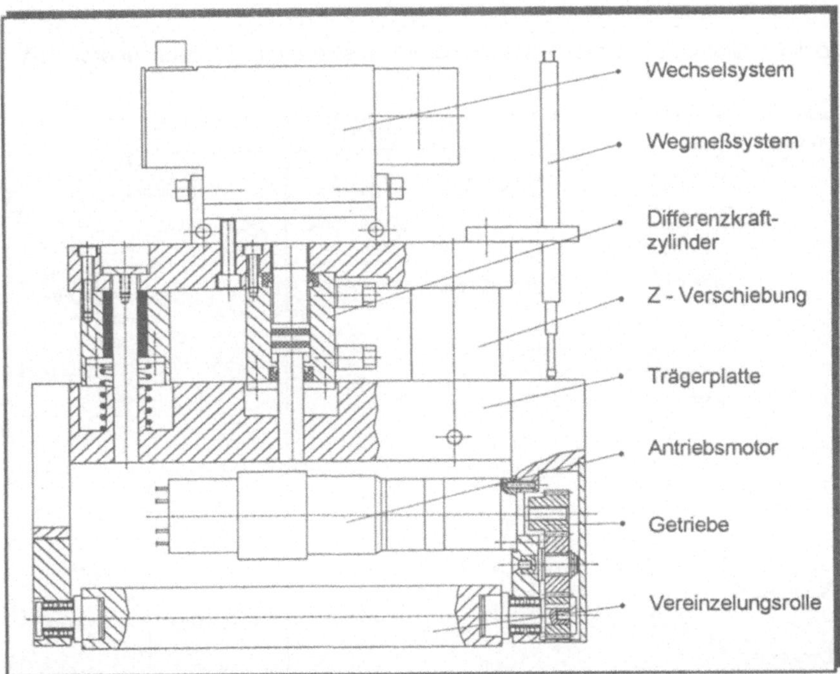

Bild 4.22:   Werkzeug zum Vereinzeln der Adern eines hochpoligen Rundkabels

5 Konzeption und Entwicklung von Verfahren und Werkzeugen für anschlußspezifische Problemstellungen

Vor dem Kontaktieren an der Anschlußstelle müssen die Adern identifiziert und in der anschlußgerechten Reihenfolge sortiert werden. Nachfolgend werden Verfahren und Werkzeuge zur Lösung der genannten Problemstellungen konzipiert und entwickelt.

5.1 Identifikation und Zuordnung der Adern

5.1.1 Alternativen zur Identifikation der Adern

Mögliche Alternativen zur Identifikation der Adern sind in Bild 5.1 gegenübergestellt.

● gut ◑ mittel ○ schlecht	Identifikationsmerkmal				
	berührungslos			berührend	
	Farbe	Codierung	Strom	Spannung	
Technische Realisierung	Farbsensor Farbkamera	CCD-Kamera Barcode-Leser	Magnetfeld-messung	Spannungs-messung	Kondensator-feldmessung
Prinzip-bild	Kamera (Sensor) / WT / Ader	Barcodeleser / WT / Ader	Magnetfeld / Ader	WT / U	elektrisches Feld / Platte / U / Ader
Zykluszeit pro Ader	< 100 ms	< 100 ms	< 10 ms	< 10 ms	< 10 ms
Funktions-sicherheit	● (*) ○ (**)	○	◑	●	○
Anzahl unterschiedlicher Adern	begrenzt	begrenzt	unbegrenzt	unbegrenzt	unbegrenzt
Kosten	15-50 TDM	20-30 TDM	< 10 TDM	< 10 TDM	< 10 TDM
Zerstörung der Ader	nein	nein	nein	lokal	lokal
Kontaktierung	keine	keine	keine	beidseitig	einseitig
Aufwand bei Kabel-herstellung	◑	○	●	●	●

(*) einfarbig ; (**) mehrfarbig

Bild 5.1: Lösungsalternativen zur Identifikation der Einzeladern hochpoliger Rundkabel

Mit Hilfe der Durchgangsmessung lassen sich die Einzeladern identifizieren und zuordnen. Dadurch wird der Einsatz von einfarbigen Adern ermöglicht, was zu einer deutlichen Reduzierung der Kabelherstellkosten führt. Besonders hochpolige Kabel mit einer hohen Aderzahl, die aufgrund der begrenzten Grundfarben eine zweifarbige Kennzeichnung benötigen, weisen einen hohen logistischen Aufwand und hohe Prozeßkosten auf. Weitere Vorteile einer Durchgangsmessung sind die geringen Investitionskosten, die hohe Funktionssicherheit, sowie die Möglichkeit, eine unbegrenzte Anzahl Adern zu identifizieren. Aufgrund der besseren Signalübertragungseigenschaften bezüglich der Signaleindeutigkeit und Beeinflussung externer Störungen, wird das Verfahren der Spannungsmessung ausgewählt.

5.1.2 Identifikation und Zuordnung der Adern mit Durchgangsprüfung

5.1.2.1 Konzeption alternativer Kontaktierverfahren

Um die Einzeladern mittels Durchgangsprüfung eindeutig identifizieren zu können, müssen diese auf separate Spannungspotentiale gelegt werden. Dadurch können auf der 1. Kabelseite Signale gesendet, welche auf der 2. Kabelseite empfangen werden.

Die Merkmale unterschiedlicher Kontaktierverfahren sowie deren Vor- und Nachteile sind in Anlehnung an /50/ aus Bild 5.2 ersichtlich. Wichtigste Auswahlkriterien sind Funktionssicherheit, Ausgleich von Lagetoleranzen und Flexibilität. Die Auswahl einer optimalen Lösung ist abhängig von der eingesetzten Verbindungstechnik. Beim Crimpen, Löten und Schrauben wird die Ader in einem vorherigen Arbeitsgang abisoliert, so daß hier die Alternative A4 zu bevorzugen ist. Bei der Schneidklemmtechnik dagegen wird die Alternative A2 ausgewählt. Die Kontaktiernadel sticht punktuell in die Isolation ein bis der elektrische Kontakt hergestellt ist. Die Einstechtiefe kann beliebig eingestellt werden. Durch einen zentrischen Einstich der Nadelspitze in die Ader können unterschiedliche Aderquerschnitte mit den gleichen Nadeln kontaktiert werden, so daß an dieser Stelle keine Umrüstzeiten bei einem Typenwechsel entstehen. Die Adern können direkt nach dem Vereinzeln in einer nachfolgenden Station identifiziert werden.

Alternative	A1 Schneidklemm-elemente (SKE)	A2 Kontaktier-nadel	A3 Messerleiste	A4 Kontaktplatten	A5 Kontaktier-nadel
Prinzipbild	Kontaktabgriff, SKE, Isolation, Litze, WT-Nut	Gegenhalter, Isolation, Litze, Kontaktabgriff, WT-Nut	WT-Nut, Kontaktabgriff, Isolation, Litze	Kontaktplatten, Isolation, WT-Nut, Litze	Isolation, Kontaktiernadel, WT, Litze
Zusätzlicher Arbeitsgang	nein	nein	nein	ja	nein
Ausgleich von Lage-toleranzen	●	◐	●	●	◐
Funktions-sicherheit	●	●	○	●	◔
Abfall	nein	nein	nein	ja	nein
Flexibilität (Aderdurch-messer)	nein	ja	ja	ja	ja
Kontaktier-kräfte	hoch	mittel	hoch	gering	gering

● gut   ◐ mittel   ○ schlecht

Bild 5.2: Alternative Verfahren zur Kontaktierung der Adern

5.1.2.2 Entwicklung eines elektronischen Identifikationsmoduls

Die gesendeten und empfangenen Signale beider Kabelseiten werden durch ein elektronisches Identifikationsmodul und eine entsprechende Ablaufsteuerung ausgewertet, so daß die einzelnen Adern eindeutig zugeordnet werden können. Im ersten Schritt wird die Ist-Position jeder Ader auf dem Werkstückträger ermittelt. In einem zweiten Schritt wird die Zuordnungsmatrix für beide Seiten in Abhängigkeit der Soll-Anschlußbelegung erstellt. Diese Zuordnungsmatrix legt eindeutig fest, welche Ader von welcher Werkstückträgerposition an welche Anschlußposition angeschlossen wird. Dadurch wird ein festgelegter Sortieralgorithmus initiiert. Das Identifikationsmodul ist in Bild 5.3 als Blockschaltbild mit den Schnittstellen zur Steuerung dargestellt. Die Steuerlogik setzt sich aus einem 8-Bit Binärzähler, einem 8-Bit Binärdecoder (BINDEC) und einem Pegelumsetzter zusammen. Ein Spannungstreiber, ein 8-Bit binärer Prioritätsdecoder (PRIDEC) und ein Pegelumsetzer bilden die Auswertelogik.

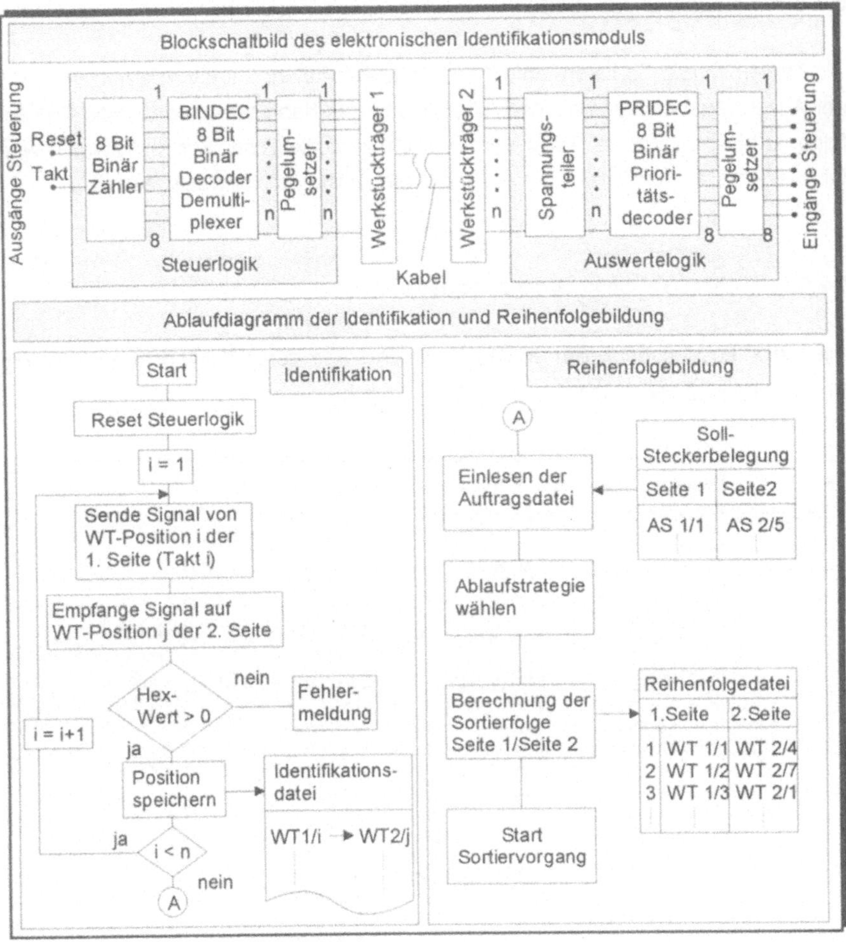

<u>Bild 5.3:</u>   Elektronisches Identifikationsmodul

Das dargestellte Ablaufdiagramm zeigt die Grobstruktur des Steuerprogramms zur Auswertung. Die Sortierfolge wird mittels vorher festgelegten Ablaufkriterien, die von der ausgewählten Sortierstrategie abhängen, berechnet. Diese lassen sich durch das Montageprinzip sowie der Ader/Anschlußstelle-Codierung bestimmen. Mit dem in /16/ bereits untersuchten chaotischen Montageprinzip können die Adern in wahlfreier Reihenfolge an einen Steckverbinder angeschlossen werden. Im Gegensatz dazu werden die Adern bei sequentieller Montage von links (unten) nach rechts (oben) bzw. in umgekehrter Reihenfolge montiert.

5.2   Sortieren der Adern

Die Teilverrichtung Sortieren umfaßt sämtliche Aktivitäten, um die Adern in eine von der Anschlußgeometrie und Anschlußbelegung des Kabelsatzes abhängige Reihenfolge zu bringen. Vor der Taktzeitermittlung unterschiedlicher Sortierstrategien wird für das Sortieren der Einzeladern ein geeignetes Lösungsprinzip ausgewählt.

5.2.1   Auswahl eines Sortierprinzips

Alternative Lösungsprinzipien für das Sortieren sowie deren Funktionsbeschreibung sind aus Bild 5.4 ersichtlich.

Verfahren	Handhabungsgerät	Sortierkamm	Rundrichten	Flexibler Anschlußadapter
Prinzipbild				
Beschreibung	Die einzelnen Adern werden nach dem Vereinzeln mit einem Greifer aktiv vom WT gegriffen und in der Sollposition abgelegt. Die Freiheitsgrade des HHG ermöglichen eine beliebige Positionierung.	Die einzelnen Adern werden in einem Sortierkamm geklemmt und gespeichert. Durch Positionierung des Sortierkamms wird die Ader an der Sollposition in die WT-Nut gedrückt.	Das Kabel wird am Mantel gedreht bis eine definierte Ader (z.B. über Farberkennung identifiziert) in der Mitte steht. Die übrigen Adern haben aufgrund definierter Verseilung eine festgelegte Position.	Der Anschlußadapter ist durch eine Verbindungsmatrix (z.B. Leiterbahnen) gekennzeichnet. Durch definierte Potentialtrennung (z.B. Trennung der Stege) können beliebige Anschlußgeometrien erzeugt werden.
Vorteile / Nachteile (• / ○)	• beliebige Positionierung möglich • hohe Funktionssicherheit	○ schlechte Fixierung der ○ Adern im Kamm • Lagetoleranzen der Adern	• kostengünstige Lösung ○ Beschränkung auf 4-adrige Rundkabel	• aktives Sortieren der Adern nicht erforderlich ○ Bauteil am Markt nicht verfügbar (hoher Entwicklungsaufwand)
geeignete Aderzahl	> 10	< 10	≤ 4	< 10

Bild 5.4:   Alternative Lösungsprinzipien zum Sortieren der Adern eines hochpoligen Rundkabels

Mit Hilfe eines flexiblen Anschlußadapters kann die geforderte Anschlußbelegung ohne aktives Umlegen der Adern erzeugt werden, wobei hier Einschränkungen bei Kreuzverbindungen gemacht werden müssen. Das Handhabungsgerät wird als die beste Lösung näher untersucht. Die Adern werden mittels Greifelemente direkt vom Werkstückträger gegriffen und mit einem freiprogrammierbaren Handhabungsgerät (Industrieroboter) beliebig positioniert.

5.2.2 Konzeption alternativer Sortierstrategien

Die Teilverrichtung Sortieren ist aufgrund der direkten Abhängigkeit von der Aderzahl bei der Terminierung hochpoliger Kabel taktzeitkritisch innerhalb des gesamten Montagesystems. Um bei der Planung des Montagesystems eine Abschätzung der möglichen Ausbringung durchführen zu können, ist es erforderlich die Taktzeiten für das Sortieren in Abhängigkeit der ausgewählten Sortierstrategie zu ermitteln.

In Bild 5.5 sind die konzipierten Sortierstrategien vergleichend gegenübergestellt. Wichtige Kriterien, die zu einer Auswahl führen, sind die erforderliche Abmantellänge, der Zeitpunkt der Kontaktierung, Anzahl der Greifelemente, Taktzeiten und Verknotung der Adern. Eine numerische Berechnung der optimalen Sortierreihenfolge vor dem Sortieren wird nicht durchgeführt, da der Rechenaufwand und somit die dafür benötigte Rechenzeit bei einem hochpoligen Kabel zu groß ist /55/. Bei einem n-poligen Kabel gibt es bereits n ! mögliche Anordnungen auf dem Werkstückträger.

Für jede der Sortierstrategien werden die Taktzeiten eines gesamten Sortiervorganges allgemein berechnet. Dadurch können die tatsächlich anfallenden Zeiten je nach eingesetztem Handhabungsgerät /51, 52, 53/ sofort ermittelt werden. Die Gesamttaktzeit setzt sich aus den für einen Sortierzyklus benötigten Basiszeiten sowie der Anzahl notwendiger Sortierzyklen zusammen. Die Anzahl der Sortierzyklen hängt von der Verteilung der Adern auf dem Werkstückträger ab. Es wird jeweils der ungünstigste Fall angenommen.

	Strategie I Typ A	Strategie II Typ A	Strategie III Typ C oder D	Strategie IV Typ A oder B	Strategie V Typ C oder D
● gut ◐ mittel ○ schlecht					
Prinzip-darstellung	Greifer, HHG WT s̄ ZA	Greifer 2, HHG, Greifer 1 WT r_A	Mehrfachgreifer WT r_A	Greifer, HHG WT 1 Δ WT WT 2	Mehrfach-greifer WT 1 Δ WT WT 2 r_A
Erforderliche Abmantel-länge	●	●	● (◐ (**))	○	○
Kontaktieren während dem Sortieren	nein	nein	ja	ja	ja
Anzahl Greifelemente	1	2	$m = n$	1	$m < n$
Gefahr der Verknotung	◐	◐	◐	●	◐
Max. erforder-liche Sortier-zyklen (*)	$\frac{3}{2} \cdot n$	n	n	n	$NSZ = n$ $NFZ = \mathrm{mod}\left(\frac{n}{m}\right) + 1$
Gesamt-taktzeit	$T_I = \frac{3}{2} n\left[T_{GR} + 2\,T_{\bar{s}} + T_{AB}\right]$	$T_{II} = n\left[2\,T_{\bar{s}} + T_{GR} + T_{AB}\right]$ mit $\bar{s} = \frac{1}{2}(n-1)\,r_A$	$T_{III} = n\left[T_{r_A} + T_{GR}\right] + n\left[T_s + T_{AB}\right]$ mit $\bar{s} = \frac{1}{2}(n-1)r_A \; ; \; T_{r_A} < T_s$	$T_{IV} = n\left[2\,T_{\Delta WT} + T_{GR} + T_{AB}\right]$	$T_V = n\left[T_{r_A} + T_{GR} + T_s + T_{AB}\right]$ $+ 2\left[\mathrm{mod}\left(\frac{n}{m}\right) + 1\right]T_{\Delta WT}$

(*) Definition eines Sortierzyklus abhängig von der Strategie
(**) abhängig von der Aderzahl

T = Taktzeit des gesamten Sortiervorganges
$T_{\bar{s}}$ = Bewegungszeit für mittleren Fahrweg
T_{GR} = Zeitanteil zum Greifen der Ader
T_{AB} = Zeitanteil zum Ablegen der Ader
ZA = Zwischenablage

T_{r_A} = Bewegungszeit für Wegdifferenz zweier benachbarter Adern
$T_{\Delta WT}$ = Bewegungszeit für Wegdifferenz der WT´s
n = Aderzahl
m = Greiferzahl

Bild 5.5: Konzepte für das Sortieren hochpoliger Rundkabel

Die Basiszeiten, welche durch exakte Zeitmessung bestimmt werden können, setzen sich aus vier Teilzeiten zusammen:

- Greifelement positionieren (Ist-Position),
- Ader greifen,
- Greifelement positionieren (Soll-Position) und
- Ader ablegen.

Prinzipiell läßt sich das Sortieren in vier Grundtypen einteilen :

- Sortieren der einzelnen Adern mit anschließender Ablage auf altem oder neuem Werkstückträger (Typ A),
- Sortieren der einzelnen Adern mit anschließender Kontaktierung an der Anschlußstelle (Typ B),
- Speichern der Adern mit anschließender Ablage in richtiger Reihenfolge auf altem oder neuem Werkstückträger (Typ C) und
- Speichern der Adern mit anschließender Kontaktierung an der Anschlußstelle in richtiger Reihenfolge (Typ D).

Die Sortierstrategie I ist durch einen Werkstückträger, ein Greifelement und eine Zwischenablage gekennzeichnet. Die Zwischenablage dient zur Speicherung einer Ader, um auf dem Werkstückträger einen Platz freizugeben. Dieser Platz wird anschließend durch die richtige Ader belegt.

Für die Strategie II sind zwei Greifelemente erforderlich. Mit dem ersten Greifelement wird eine beliebige Ader gespeichert. Das zweite Greifelement speichert die Ader, welche sich auf der Soll-Position der gespeicherten ersten Ader befindet. Danach kann die erste Ader in ihrer Soll-Position abgelegt werden. Für die übrigen Adern werden diese Schritte wiederholt.

Die Alternative III ist durch einen Mehrfachgreifer gekennzeichnet, der sämtliche Adern vom Werkstückträger sequentiell aufnimmt und zwischenspeichert. Durch Positionierung der Greifelemente über der entsprechenden Soll-Position werden die Adern entweder in der richtigen Reihenfolge auf dem Werkstückträger abgelegt oder direkt an der Anschlußstelle kontaktiert.

Mit Strategie IV wird jede Ader einzeln vom ersten Werkstückträger (Quelle) gegriffen und auf der Soll-Position des zweiten Werkstückträgers (Ziel) abgelegt bzw. direkt an der Anschlußstelle kontaktiert. Alternative V entsteht aus der Kombination von Strategie III und IV.

5.2.3   Entwicklung eines Mehrfachgreifers zum Sortieren der Adern

Prinzipiell lassen sich die Greifelemente eines Mehrfachgreifers linear oder radial anordnen. Die auf dem Umfang verteilte hohe Greiferdichte ermöglicht das Speichern einer Vielzahl von Adern bei relativ kurzer Abmantellänge. Deshalb wird das sogenannte Revolverprinzip mit radialer Anordnung der Greifelemente ausgewählt. Um eine maximale Greiferdichte zu erzielen, sind Greiferelemente mit minimaler Baugröße bei ausreichender Greifkraft zu entwickeln. Alternative Greifelemente sind in Bild 5.6 dargestellt.

Lösungs-alternative / Bewertungskriterien	pneumatischer Greifer	elektrischer Greifer	passiver Klemmgreifer	aktiver Klemmgreifer	Sauggreifer
Greifkraft einstellbar	ja	ja	nein	bedingt	ja
Selbstzentrierung der Ader	●	●	◐	●	●
Funktionssicherheit	●	●	○	●	○
Erforderliche Abmantellänge	○	○	◐	◐	●
Baugröße	○	○	◐	◐	●
Steuerungsaufwand	◐	○	●	◐	◐
Taktzeit	●	◐	◐	●	●
Greifkraft	> 10 N	> 10 N	< 5 N	> 10 N	< 5 N
Technischer aufwand	◐	○	◐	◐	●

● gut   ◐ mittel   ○ schlecht

Bild 5.6:   Alternative Greifelemente für einen Revolvergreifer

Wichtige Auswahlkriterien sind die Einstellmöglichkeit der Greifkraft, die Zentrierung der Ader, der erforderliche Steuerungsaufwand, Greifzeit und Herstellkosten. Der mechanische Greifer mit aktiver Betätigung erfüllt die gestellten Anforderungen am besten. Diese Variante zeichnet sich durch eine günstige Baugröße besonders aus, so daß eine hohe Anzahl an Greifelementen bei kleinem Umfang realisiert werden kann. Um eine Aussage über die Funktionssicherheit und die realisierbaren Taktzeiten für das Sortieren zu treffen, wurde der in <u>Bild 5.7</u> dargestellte Prototyp eines Revolvergreifers realisert und in Versuchsreihen getestet.

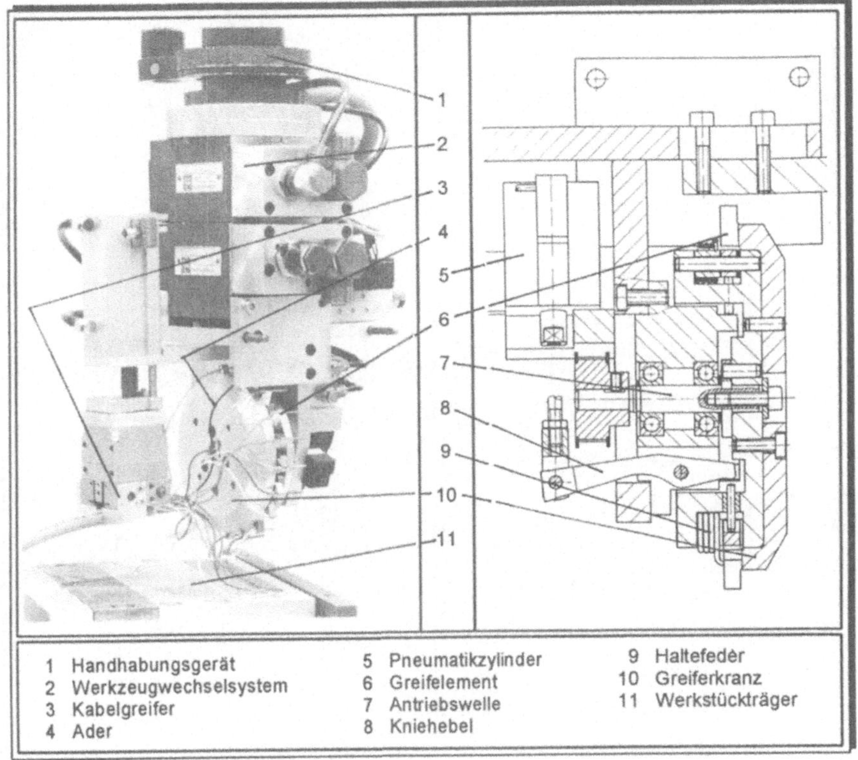

<u>Bild 5.7:</u>   Prototyp eines Revolvergreifers zum Handhaben der Adern

Mit dem Versuchswerkzeug können bis zu 20 Einzeladern gespeichert werden. Die einzelnen Greifelemente werden während des Sortiervorganges durch einen Schrittmotor mit entsprechender Schnittstelle zur übergeordneten Steuerung selektiert und positioniert. Durch die konstruktive Gestaltung des Werkzeuges können die Adern direkt vom Werkstückträger gegriffen werden. Die Füllzeit bzw. Leerzeit des Revolvergreifers beträgt 1 Sekunde pro Ader. In unterschiedlichen Versuchsreihen wurden die Taktzeiten der einzelnen Sortierstrategien in Abhängigkeit der Aderzahl in Anlehnung an /54/ ermittelt. <u>Bild 5.8</u> zeigt einen Vergleich von theoretisch berechneten und tatsächlich benötigten Zeiten.

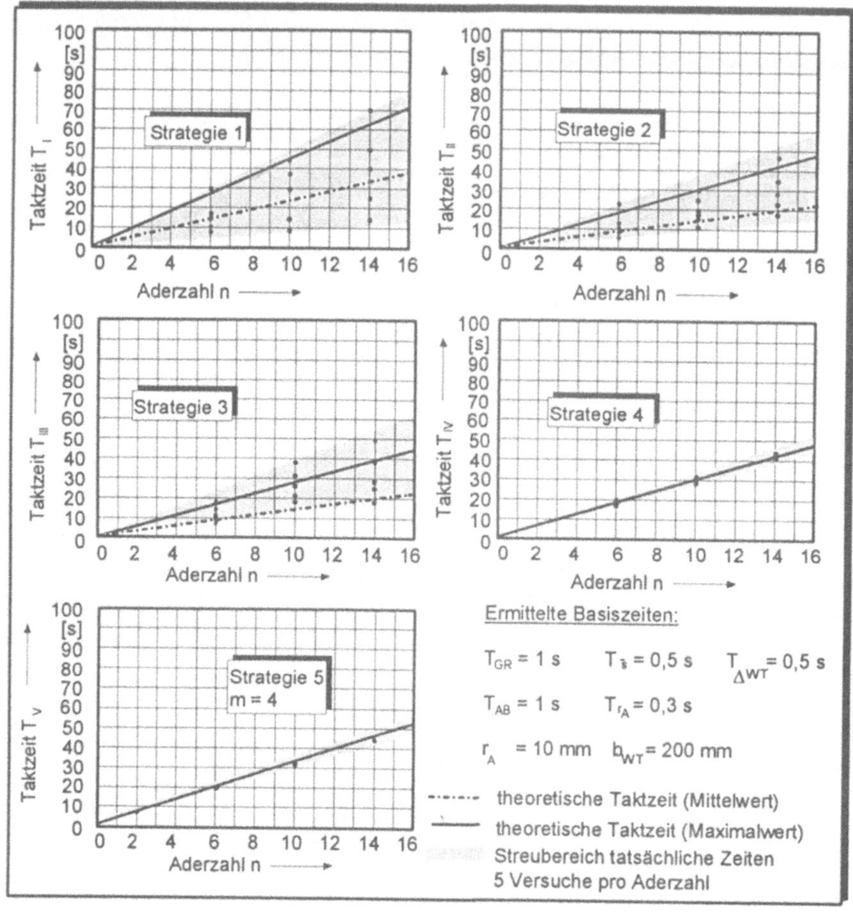

$T_{GR} = 1\ s \qquad T_{\dot{s}} = 0,5\ s \qquad T_{\Delta WT} = 0,5\ s$

$T_{AB} = 1\ s \qquad T_{r_A} = 0,3\ s$

$r_A = 10\ mm \qquad b_{WT} = 200\ mm$

Bild 5.8:   Taktzeiten unterschiedlicher Sortierstrategien

5.3   Ausgleich von Aderlängendifferenzen

Prinzipiell unterscheidet man zwischen elektrischen und mechanischen Längendifferenzen der Adern. Gleiche elektrische Längen bedeutet, daß sämtliche Adern gleiche Signallaufzeiten haben. Dabei wird sowohl die Aderlänge des ummantelten als auch des abgemantelten Kabels betrachtet. Gleiche mechanische Länge bedeutet, daß sämtliche Adern des abgemantelten Teils gleich lang sind, so daß Zugbeanspruchungen an der Anschlußstelle auf sämtliche Adern gleichmäßig verteilt werden. Eine Gegenüberstellung zeigt Bild 5.9.

	Elektrische Längendifferenzen	Mechanische Längendifferenzen
Ursache	• Adertoleranzen, verursacht im Kabelherstellprozeß • Verseilung der Adern in unterschiedlichen Lagen • Unterschiedliche Bogenlängen der Nutfunktionen beim Vereinzeln	• Unterschiedliche Bogenlängen der Nutfunktionen beim Vereinzeln
Wirkung	• Unterschiedliche Signallaufzeiten der einzelnen Adern	• Unterschiedliche Aderlängen zwischen ummantelten Kabel und Anschlußstelle
Lösung	• Ausgleich elektrischer Längendifferenzen durch Nachkürzen der Adern • Kompensation der elektrischen Längendifferenzen durch unterschiedliche Verseilgrade	• Ausgleich von Längendifferenzen durch Nachkürzen der Adern
Ermittlung der Differenzen	• Signallaufzeitmessungen • Analytische Berechnung der Bogenlängen sowie der Verseilzuschläge in Kombination mit einer Identifizierung der Adern	• Analytische Berechnung der Bogenlängen der Nutfunktionen

Bild 5.9:   Gegenüberstellung von elektrischen und mechanischen Differenzen

5.3.1   Theoretische Berechnung der Aderlängendifferenz

Auftretende Fertigungstoleranzen bei der Kabelherstellung können während der Montage nur durch Messung der Signallaufzeit ermittelt werden. Längendifferenzen verursacht durch mehrlagige Verseilung und das Vereinzeln der Adern werden analytisch berechnet. Die maximale Differenz von äußerer und innerer Lage des ummantelten Kabels darf nicht länger als die Länge des Werkstückträgers sein, da die Adern nur bis zum Mantel nachgekürzt werden können. Eine Kompensation kann durch verschiedene Verseilgrade bzw. Schlaglängen in den unterschiedlichen Lagen erreicht werden (Bild 5.10).

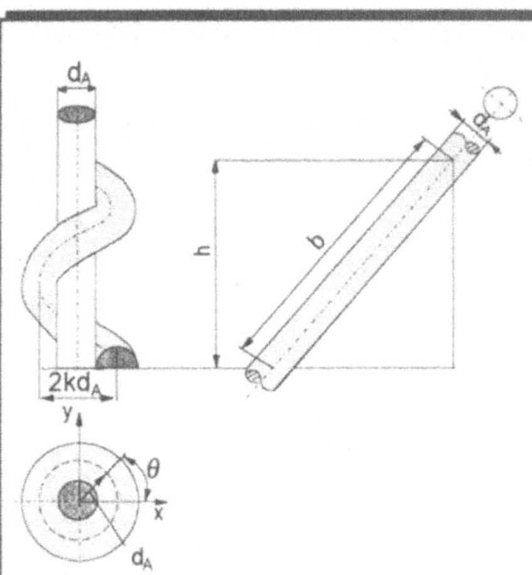

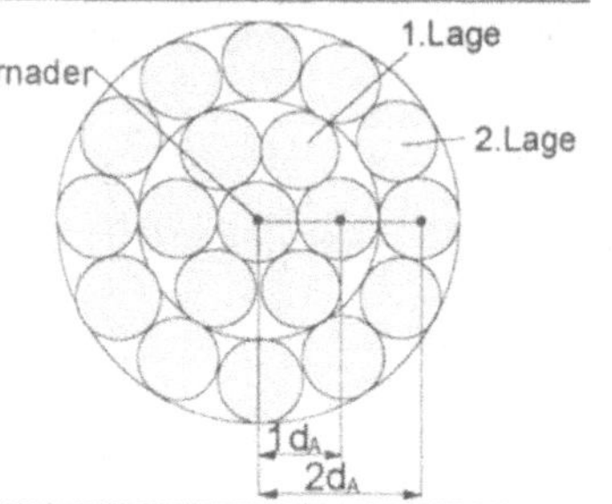

Herleitung der Aderlängendifferenz der Lage k

$$x = k\,d_A \cdot \cos\theta, \quad y = k\,d_A \cdot \sin\theta, \quad z = \frac{h}{2\cdot\pi}\cdot\theta, \quad d\,b_k^2 = d\,x^2 + d\,y^2 + d\,z^2 \quad \text{mit} \quad d\,x^2 + d\,y^2 = k^2 \cdot d_A^2$$

$$d\,b^2 = \left(\left(\frac{d\,x}{d\,\theta}\right)^2 + \left(\frac{d\,y}{d\,\theta}\right)^2 + \left(\frac{d\,z}{d\,\theta}\right)^2 \right) \cdot d\,\theta^2$$

wird

$$d\,b_k^2 = \left(k^2 \cdot d_A^2 + \left(\frac{h}{2\cdot\pi}\right)^2 \right) d\,\theta^2, \quad db_k = \sqrt{k^2 \cdot d_A^2 + \left(\frac{h}{2\cdot\pi}\right)^2} \cdot d\theta$$

$$b_k = \int_0^{2\pi} \sqrt{k^2 \cdot d_A^2 + \left(\frac{h}{2\cdot\pi}\right)^2} \cdot d\theta = \sqrt{k^2 \cdot d_A^2 + \left(\frac{h}{2\cdot\pi}\right)^2} \cdot 2\pi$$

Aderlängendifferenz zwischen zwei benachbarten Lagen :

$$\Delta b_{k,k+1} = \frac{b_{k+1} - b_k}{b_k} \cdot 100\%$$

Berechnung der notwendigen Schlaglängendifferenz zur Kompensation der Aderlängendifferenzen zweier benachbarter Lagen

Bedingung : $b_k(\theta = 2\pi) = b_{k+1}(\theta)$ mit $\dfrac{2\pi}{\theta} = \dfrac{h_{k+1}}{h_k}$ ergibt sich:

$$\sqrt{k^2 \cdot d_A^2 + \left(\frac{h_k}{2\cdot\pi}\right)^2} \cdot 2\pi = \sqrt{(k+1)^2 \cdot d_A^2 + \left(\frac{h_{k+1}}{2\cdot\pi}\right)^2} \cdot 2\pi \frac{h_k}{h_{k+1}}$$

$$k^2 \cdot d_A^2 + \frac{h_k^2}{4\cdot\pi^2} = \left[\frac{(k+1)^2 \cdot d_A^2}{h_{k+1}^2} + \frac{h_{k+1}^2}{4\cdot\pi^2 \cdot h_{k+1}^2} \right] \cdot h_k^2$$

$$\frac{k^2 \cdot d_A^2}{h_k^2} + \frac{1}{4\cdot\pi^2} = \frac{(k+1)^2 \cdot d_A^2}{h_{k+1}^2} + \frac{1}{4\cdot\pi^2}$$

$$h_{k+1} = \frac{k+1}{k} \cdot h_k$$

Bild 5.10:   Aderlängendifferenzen eines mehrlagig verseilten Kabels

5.3.2   Konzeption von Verfahren zum Ausgleich von Aderlängendifferenzen

Mögliche Lösungsalternativen zum Ausgleich von Aderlängendifferenzen sowie deren Merkmale sind in <u>Bild 5.11</u> zusammengefaßt und nach relevanten Kriterien wie Taktzeit, Toleranzen und technischem Aufwand bewertend gegenübergestellt.

Lösungs-alternative	A1 geregelter Antrieb	A2 2 Greifer	A3 1 Greifer	A4 versetzte Messeranordnung
Prinzipbild				
Funktions-ablauf / Bewertungs-kriterien	Die Ader wird durch einen geregelten Antrieb kraftschlüssig in die Soll-Position zum Nachschneiden gebracht.	Die max. Länge zum Nachschneiden wird durch den Aderüberstand festgelegt. Die Ader kann durch Übergabe zwischen Greifer 1 und Greifer 2 beliebig nachgeschnitten werden.	Die Ader wird mit einem Greifer gegriffen, wobei die max. Länge zum Nachschneiden durch den Aderüberstand festgelegt ist. Diese ist fix.	Durch eine definierte Anordnung der Messer in Abhängigkeit der Nutfunktion werden die Adern mit einem Schnitt auf die gleiche Länge abgeschnitten.
Taktzeit	◐ mittel	○ schlecht	◐ mittel	● gut
Technischer Aufwand	◐ mittel	◐ mittel	● gut	● gut
Aderlängen-differenzen	elektrische/ mechanische	elektrische/ mechanische	elektrische/ mechanische	mechanische
Toleranzen	± 0,5% (*)	± 0,1 mm	± 0,1 mm	± 0,1 mm
Steuerungs-aufwand	◐ mittel	◐ mittel	● gut	● gut
Ablauf	sequentiell oder parallel	sequentiell	sequentiell	parallel

● gut   ◐ mittel   ○ schlecht   (*) der Aderlänge

<u>Bild 5.11</u>:   Lösungsalternativen zum Ausgleich von Längendifferenzen

Die Stellgröße zur Positionierung der Ader wird bei elektrischen Längendifferenzen durch Messung der Signallaufzeit vorgegeben. Bei mechanischen Längendifferenzen wird diese nach (23) analytisch berechnet und dem Antrieb als Eingangsgröße übermittelt.

6.1   Produktorientierte Montagesysteme

Für die Teilverrichtungen Vereinzeln, Identifizieren, Sortieren und Ausgleich von Aderlängendifferenzen der Adern wurden Verfahren und Werkzeuge entwickelt. Die Einzelfunktionalitäten wurden mit Hilfe realisierter Versuchswerkzeuge in zahlreichen Versuchsreihen nachgewiesen. Zur Montage eines kompletten Kabelsatzes ist jedoch die Integration der neuentwickelten sowie der bereits am Markt verfügbaren Teilsysteme zu einem Gesamtsystem erforderlich (Bild 6.1)

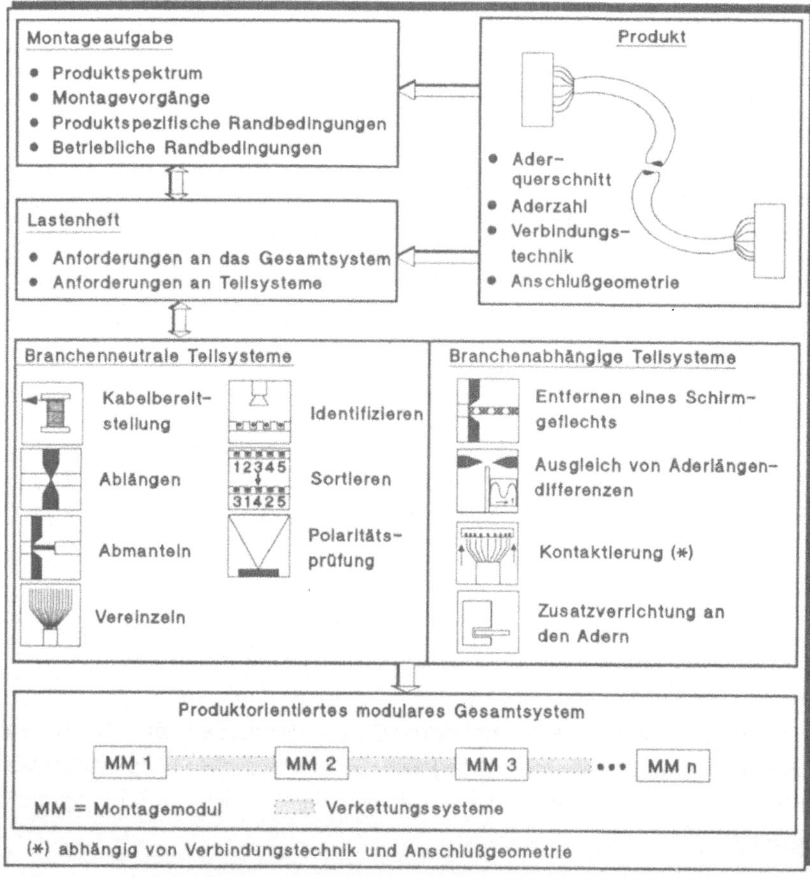

Bild 6.1:   Vorgehensweise bei der Integration zu einem Gesamtsystem

Die Planung eines Montagesystems zur Terminierung von Rundkabeln basiert auf modularen Baukästen der einzelnen Teilverrichtungen. Dabei ist prinzipiell zu unterscheiden zwischen branchenneutralen Teilsystemen, die unabhängig vom Produktspektrum eingesetzt werden müssen und Teilsystemen, deren Notwendigkeit vom Produkt (Entfernen des Schirmgeflechts, Ausgleich von Aderlängendifferenzen etc.) abhängt. Die anzuwendende Sortierstrategie hängt von produktspezifischen Einflußparametern wie der Verbindungstechnik und Anschlußgeometrie ab.

6.2   Alternative Montageabläufe

In Abhängigkeit der eingesetzten Verbindungstechnik ergeben sich bei der Terminierung hochpoliger Rundkabel, insbesondere für die Teilverrichtungen Sortieren und Kontaktieren verschiedene Montageabläufe, die sich in der Reihenfolge der Abarbeitung der Einzelverrichtungen unterscheiden (Bild 6.2).

Die Alternative I ist dadurch gekennzeichnet, daß sämtliche Adern zuerst sortiert und in der richtigen Reihenfolge abgelegt werden. In einem nachfolgenden Arbeitsgang werden sämtliche Adern zeitlich parallel an der Anschlußstelle kontaktiert. Der Rastabstand des Werkstückträgers, auf dem die Adern nach dem Sortieren liegen, muß mit dem Rastabstand der Anschlußstelle übereinstimmen. Diese Alternative findet beim Löten, Schrauben und der Schneidklemmtechnik Anwendung, unter der Voraussetzung einer erforderlichen Mindesttoleranz an der Anschlußstelle bei gleichzeitiger Positionierung sämtlicher Adern. Die Teilsysteme Identifizieren, Sortieren und Kontaktieren können somit verrichtungsorientiert auf drei Montagestationen verteilt werden. Diese Alternative kann nur für einreihige Anschlußstellen eingesetzt werden.

Beim Montageablauf II wird jede Einzelader separat gegriffen und in richtiger Reihenfolge an der entsprechenden Anschlußstelle direkt kontaktiert. Die einmalige Handhabung jeder Einzelader ist nach der bereits in /14,42/ gestellten Forderung von Vorteil. Bei Einsatz der Verbindungstechnik Crimpen werden sämtliche Kontakte bereits vor dem Identifizieren je nach Aderzahl in einem oder mehreren Arbeitsgängen angeschlagen. Mit der Kontaktmontage werden die Polkammern der Steckverbinder bestückt.

Der Montageablauf III ist dadurch gekennzeichnet, daß sämtliche Einzeladern zuerst sortiert und abgelegt werden. Anschließend wird jede Ader analog zu Alternative II kontaktiert, wobei durch Aufteilung der Arbeitsinhalte auf unterschiedliche Stationen die Gesamttaktzeit des Systems geringer ist.

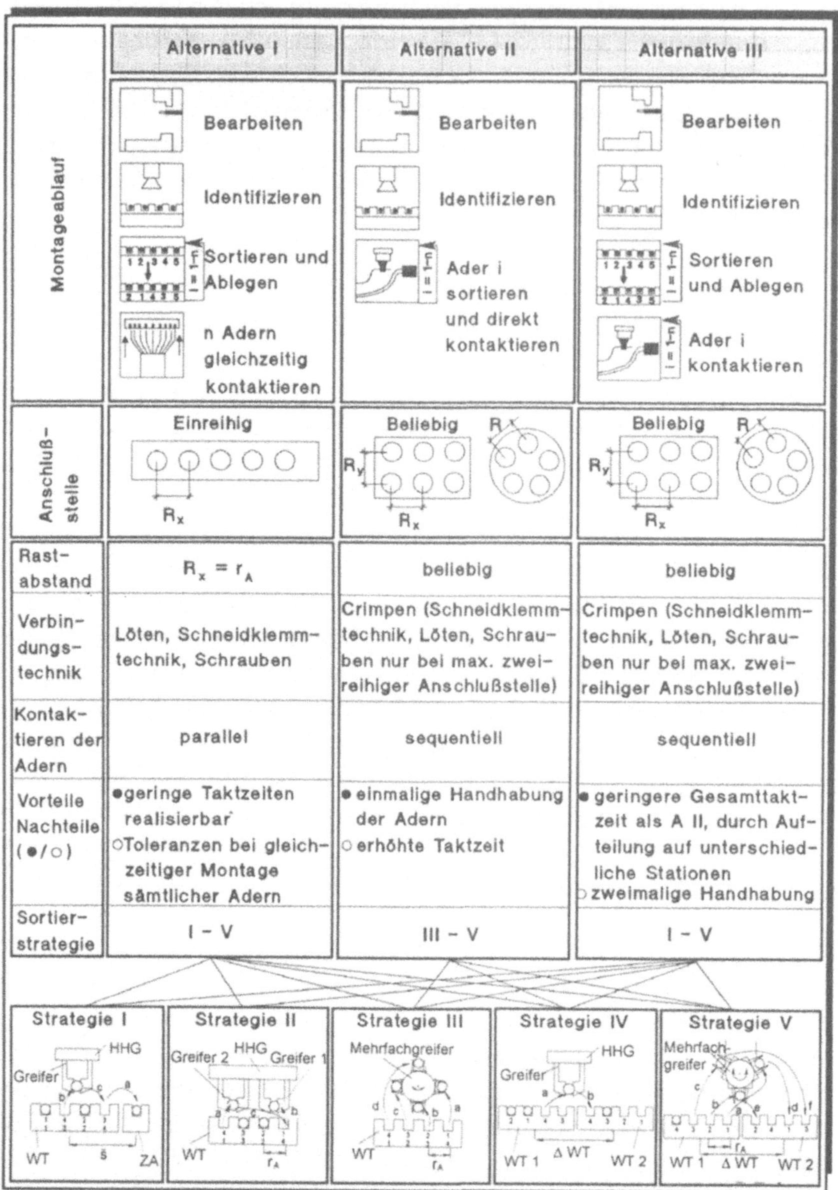

Bild 6.2: Alternative Montageabläufe

Insbesondere beim Lötprozeß geht die Anschlußzeit der Einzelader verstärkt in die Gesamttaktzeit ein. Die drei Montageabläufe können jeweils mit mehreren der entwickelten Sortierstrategien realisiert werden.

6.3 Alternativen zur Kabelbereitstellung

Unterschiedliche Lösungsprinzipien zur Kabelbereitstellung sind in Bild 6.3 dargestellt. Die optimale Auswahl einer Alternative hängt von Randbedingungen wie Kabellänge, erforderliche Taktzeit, gewünschte Kabelanordnung und Kabeltransport ab.

Lösungsprinzip	Zwangs-führung	aktives Schwenken	Linear-achse	Einschuß-kanal	Wickeln
Prinzip-bild	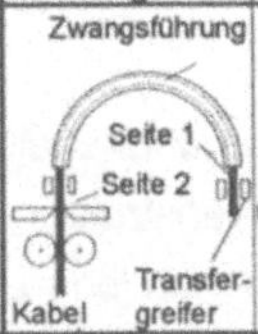 Zwangsführung / Seite 1 / Seite 2 / Kabel / Transfer-greifer	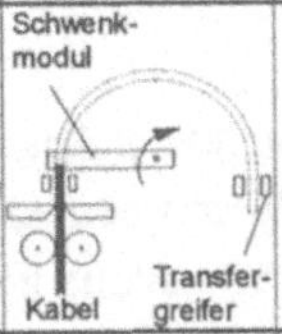 Schwenk-modul / Kabel / Transfer-greifer	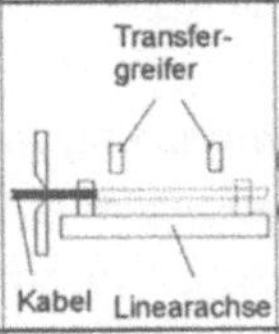 Transfer-greifer / Kabel / Linearachse	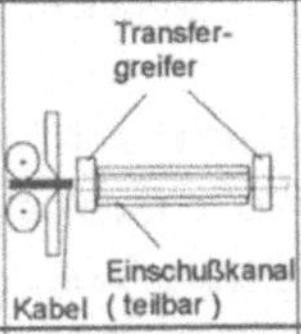 Transfer-greifer / Einschußkanal / Kabel (teilbar)	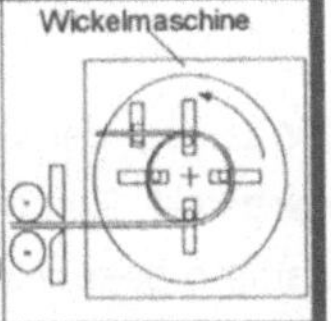 Wickelmaschine
Geeignete Kabellängen	mittel	mittel	kurz	mittel	lang
Transportge-schwindigkeit	mittel	hoch	mittel	hoch	gering
Technischer Aufwand	gering	gering	mittel	gering	hoch
Funktions-sicherheit	mittel	hoch	hoch	hoch	mittel
Kabelan-ordnung	gleichsinnig	gleichsinnig	gegensinnig	gegensinnig	gleichsinnig gegensinnig
Kabeltransport	hängend	hängend	hängend	hängend	WT

Bild 6.3: Alternative Lösungsprinzipien zur Kabelbereitstellung

Prinzipiell wird bei der Kabelanordnung zwischen gleichsinniger (beide Kabelenden parallel nebeneinander angeordnet) und gegensinniger Kabelanordnung (Kabelenden um 180° versetzt angeordnet) unterschieden. Beim Kabeltransport wird zwischen hängend und auf einem Werkstückträger liegend differenziert.

Durch Wickeln und anschließendes Ablegen auf einem Werkstückträger können beliebige Kabellängen verarbeitet werden. Die höchste Bereitstellungsgeschwindigkeit (>2 m/s) wird durch aktives Schwenken oder einen Einschußkanal erreicht.

6.4 Gesamtsysteme zur Terminierung hochpoliger Rundkabel

Bei der Planung eines Montagesystems zur Terminierung hochpoliger Rundkabel ist sowohl ein optimales organisatorisches als auch technisches Systemprinzip auszuwählen. Im folgenden werden auf der Basis eines flexiblen Baukastensystems als auch einer automatischen Transferstraße und einer Roboterzelle Gesamtsystemvarianten konzipiert, die je nach geforderter Ausbringung, Flexibilität und produktspezifischen Randbedingungen zum Einsatz kommen können. Organisatorische Systemprinzipien werden in Anlehnung an /56/ in Ein- und Mehrplatzsysteme, Parallel- und Liniensysteme, loses und starres Verkettungsprinzip untergliedert.

6.4.1 Gesamtsystem Variante I

Ein Layout der Variante I zur Terminierung von hochpoligen Rundkabeln ist in **Bild 6.4** dargstellt. Das flexible Baukastensystem ist durch eine Linienstruktur mit loser Verkettung gekennzeichnet. Aufgrund der losen Verkettung können jederzeit zusätzliche Montagemodule zur Produktion einer neuen Serie von Kabelsätzen mit erweiterten Funktionalitäten in das System integriert werden. Auch die Einbindung von manuellen Montagearbeitsplätzen bei vor- und nachgeschalteten Pufferstrecken ist möglich. So können z.B. Werkstückträger mit fehlerhaft eingelegten Einzeladern (durch integrierte Prozeßüberwachung erfaßt) in einen Nacharbeitsplatz ausgeschleust und anschließend wieder in die Hauptstrecke eingeschleust werden. Die organisatorische Struktur des Systems ist verrichtungsorientiert, so daß die Werkzeuge und Vorrichtungen der einzelnen Stationen zeitlich gut ausgelastet sind. Die Kabel werden auf eine definierte Länge aktiv gewickelt und in gleichsinniger Anordnung auf einem umlaufenden Werkstückträger bereitgestellt. Die Montageanlage weist eine Programmflexibilität bezüglich der Aderzahl aus, da sowohl die Geometrie der Werkstückträger als auch die Stationen auf die maximal vorkommende Aderzahl ausgelegt werden können. Für die Montage unterschiedlicher Aderquerschnitte werden die Werkstückträgerelemente ausgetauscht (Umrüstflexibilität). Durch den Einsatz von Industrierobotern können Steckertypen mit verschiedenen Anschlußgeometrien durch Aufruf der spezifischen Ablaufprogramme montiert werden.

Mit dieser Systemvariante, welche sich insbesondere durch die Beherrschung einer hohen Typen- und Variantenvielfalt auszeichnet, werden Kabel hoher Aderzahl und größerer Längen bei mittleren Stückzahlen von 50-150 Stck/h montiert. Als Haupteinsatzgebiete sind hier die Datenverarbeitung und Medizintechnik zu sehen.

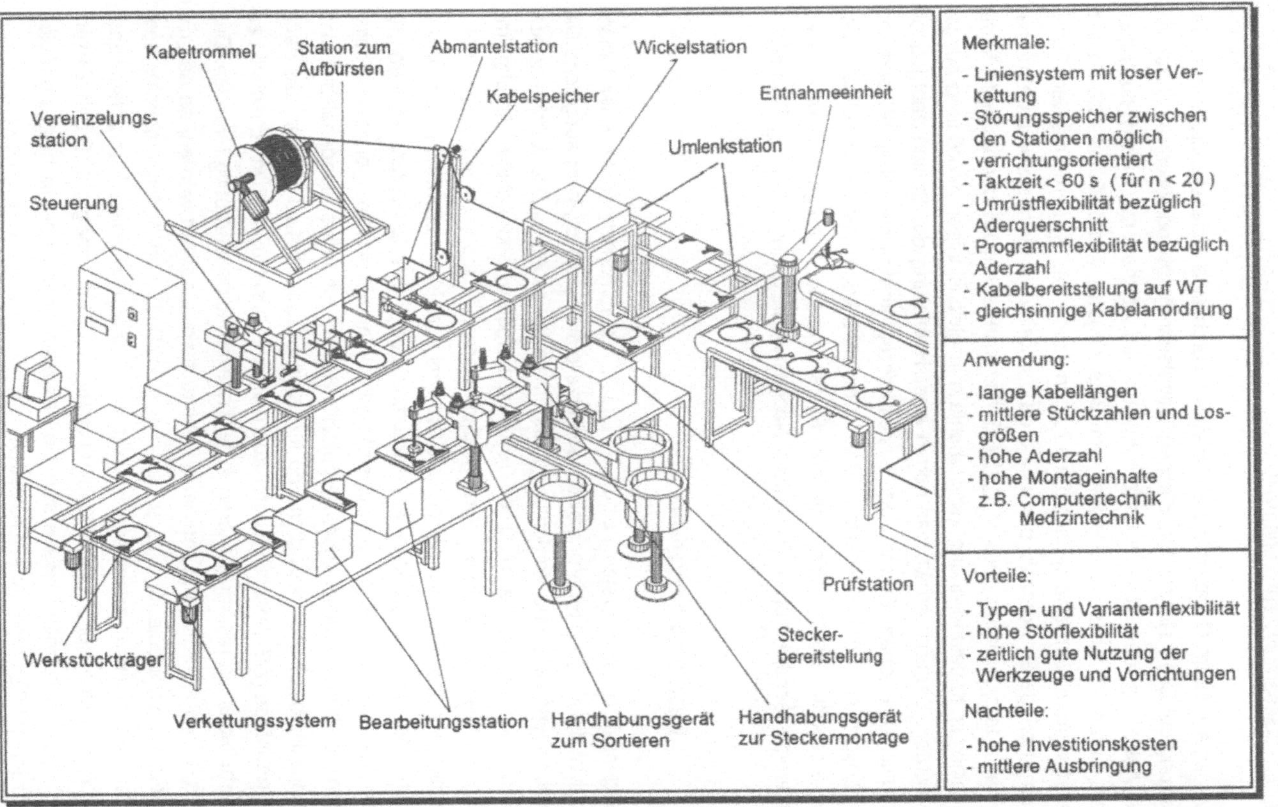

Bild 6.4: Layout der Variante I

6.4.2 Gesamtsystem Variante II

Die Variante II ist im Gegensatz zur Variante I durch eine Linienstruktur mit starrer Verkettung auf Basis einer automatischen Transferstraße gekennzeichnet. Durch die starre Abtaktung der einzelnen Montagestationen können mit einem derartigen System kurze Taktzeiten und somit eine Ausbringung von 200 bis 500 Stck/h realisiert werden. Für eine wirtschaftliche Ausnutzung des Systems werden Rundkabel mit geringerer Aderzahl bevorzugt, da der Zeitanteil für das Sortieren mit der Zahl der Adern zunimmt. Das in Bild 6.5 dargestellte Layout der Variante II mit gegensinniger Kabelanordnung kann ebenfalls in gleichsinniger Anordnung ausgeführt werden. Dadurch erhält man neben einer Halbierung der Stationszahl jedoch gleichzeitig eine höhere Taktzeit. Das Systemkonzept kommt bei hohen Stückzahlen und Losgrößen zum Einsatz. Der Umrüstaufwand beim Wechsel der Aderquerschnitte ist im Vergleich zur Systemvariante I aufgrund der starren Verkettung wesentlich höher. Ein weiterer Nachteil ist die geringe Störungsflexibilität.

6.4.3 Gesamtsystem Variante III

Im Gegensatz zu den ersten beiden Varianten mit verrichtungsorientierter Linienstruktur ist die in Bild 6.6 dargestellte Roboterzelle als Einplatzsystem ausgelegt. Die einzelnen Werkzeuge und Vorrichtungen innerhalb der Montagezelle werden zeitlich ungünstig genutzt, da die einzelnen Teilverrichtungen in sequentieller Abfolge mit jeweiligem Werkzeugwechsel durchgeführt werden. Dadurch entstehen hohe Taktzeiten, so daß die Ausbringung des Systems von 30 bis 50 Stück/h gering ist. Aufgrund des eingeschränkten Arbeitsraumes des Industrieroboters können mit diesem Systemkonzept lediglich Kabelsätze mit kurzen Längen und geringen Arbeitsinhalten als Vormontageprodukte hergestellt werden. Als Anwendungsbeispiel sind hier Spezialkabelsätze in kleineren und kleinsten Stückzahlen zu nennen, die nach der Vormontage (z.B. Anschließen der Adern an eine Anschlußstelle in Löttechnik) an Handarbeitsplätzen mit komplexeren Arbeitsinhalten komplett montiert werden. Das System ist programmflexibel und kann selbstrüstend ausgelegt werden, so daß die Werkstückträgermodule für unterschiedliche Aderzahlen und Aderquerschnitte vom Roboter automatisch ausgetauscht werden, ohne manuellen Umrüstaufwand. Dadurch wird eine hohe Typen- und Variantenflexibilität ermöglicht. Durch Einsatz eines Doppelarmroboters lassen sich die Taktzeiten insbesondere beim parallelen Vereinzeln und Sortieren nahezu halbieren.

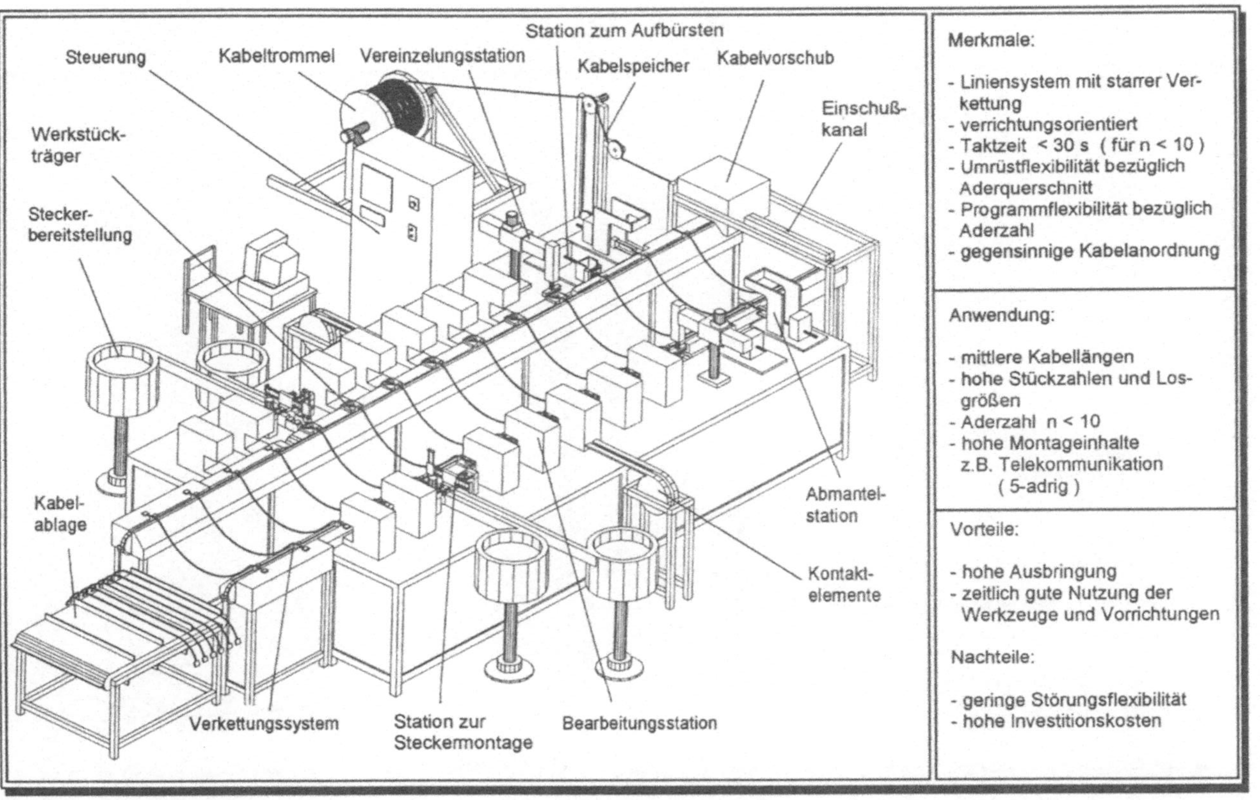

Bild 6.5: Layout der Variante II

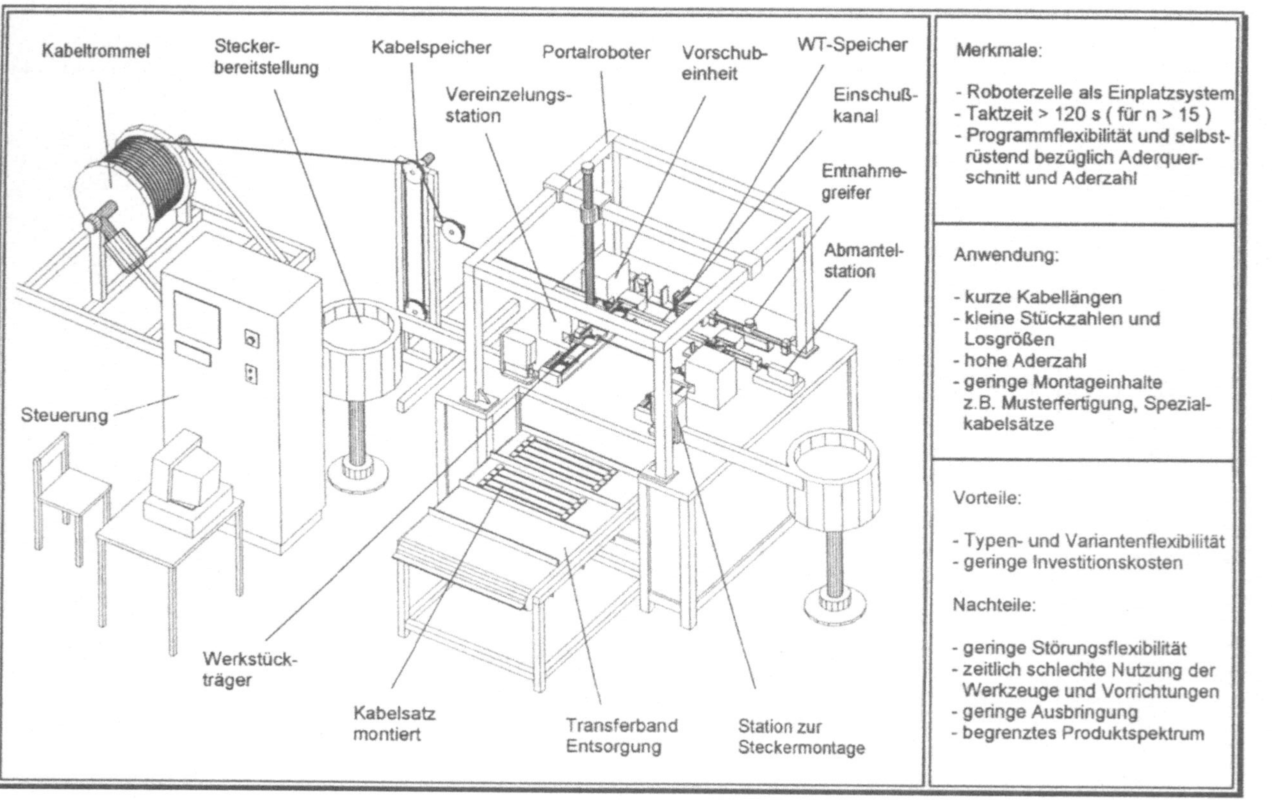

Merkmale:

- Roboterzelle als Einplatzsystem
- Taktzeit > 120 s (für n > 15)
- Programmflexibilität und selbstrüstend bezüglich Aderquerschnitt und Aderzahl

Anwendung:

- kurze Kabellängen
- kleine Stückzahlen und
  Losgrößen
- hohe Aderzahl
- geringe Montageinhalte
  z.B. Musterfertigung, Spezialkabelsätze

Vorteile:

- Typen- und Variantenflexibilität
- geringe Investitionskosten

Nachteile:

- geringe Störungsflexibilität
- zeitlich schlechte Nutzung der
  Werkzeuge und Vorrichtungen
- geringe Ausbringung
- begrenztes Produktspektrum

Bild 6.6: Layout der Variante III

7 Pilotanlage zur flexibel automatisierten Terminierung hochpoliger Rundkabel

7.1 Gesamtaufbau der Pilotanlage

Zur Erprobung der entwickelten Verfahren und Werkzeuge wurde eine Pilotanlage zur flexibel automatisierten Terminierung hochpoliger Rundkabel aufgebaut. Um die Funktionalität der neuen Teilsysteme zu verifizieren und zu demonstrieren wurden relevante Teilverrichtungen der Systemvariante III selektiert und in einer Pilotanlage integriert. Dabei wurden die folgenden Montagemodule realisiert:

- Vereinzeln der Adern beider Kabelseiten,
- Identifizieren und Zuordnen der Adern beider Kabelseiten,
- Ablängen der Adern beider Kabelseiten,
- Sortieren der Adern beider Kabelseiten,
- Kontaktieren der Adern beider Kabelseiten und
- Polaritätsprüfung.

Auf vorgelagerte Prozeßschritte wie das Ablängen und Abmanteln der Kabel wurde hier verzichtet, da solche Systeme bereits am Markt bezogen werden können. Als exemplarische Verbindungstechnik wurde die montagefreundliche Schneidklemmtechnik ausgewählt. Der Gesamtaufbau der realisierten Pilotanlage ist aus Bild 7.1 ersichtlich. Die entwickelten Werkzeuge und Vorrichtungen sind:

- Vereinzelungswerkzeug angeflanscht an ein Handhabungsgerät und mit Hilfe eines standardisierten Werkzeugwechselsystems wechselbar,
- Modulare Werkstückträgerelemente (Phase I, II und III) mit aderdurchmesserspezifischen Nuten und ausgewählter Nutgeometrie,
- Transfereinheit bestehend aus einem Pneumatikzylinder und einer Führungseinheit zum Transport der Werkstückträger in die entsprechende Station,
- Identifikationseinrichtung mit pneumatisch zustellbaren Kontaktiernadeln,
- Ablängeinheit,
- Kontaktiereinheit zum Kontaktieren der Einzeladern an einen HDE-20 Steckverbinder der Firma AMP in Schneidklemmtechnik /57,58/,
- Prüfmodule zur Polaritätsprüfung und
- Greifer.

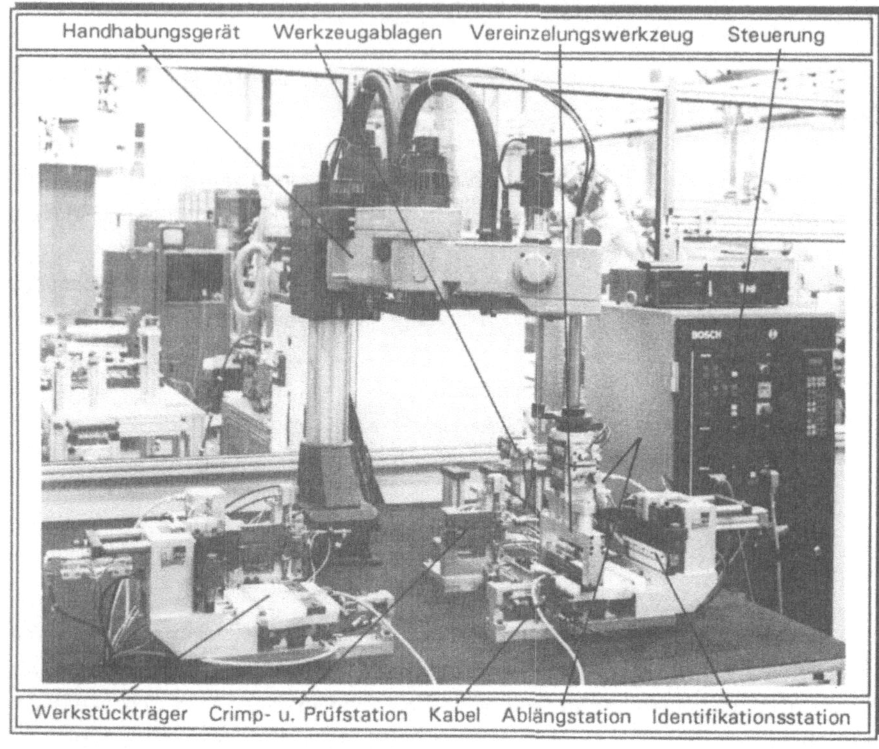

<u>Bild 7.1</u>:   Gesamtaufbau der Pilotanlage

Die Anlage ermöglicht die Terminierung beider Kabelseiten. Sämtliche Stationen sind dabei doppelt ausgelegt. Mit dem System können 6 Steckverbindervarianten mit den Polzahlen 9, 13 und 25 sowohl in ´male´ als auch in ´female´ -Ausführung montiert werden.

7.2   <u>Werkzeuge und Peripheriekomponenten</u>

7.2.1   <u>Vereinzelungswerkzeug</u>

In dem entwickelten Vereinzelungswerkzeug ist eine Vereinzelungsrolle mit einer Länge von 180 mm integriert, so daß hiermit bis zu 17 Einzeladern bei einem Rastabstand von 10 mm am Ende der Phase III des Werkstückträgers vereinzelt werden können. Das Werkzeug ist in <u>Bild 7.2</u> dargestellt. Das Gewicht des Werkzeuges wird durch einen Differenzkraftzylinder aufgenommen, so daß bei abgestimmter Druckeinstellung ein nahezu kräftefreies Einlegen der Adern in die Nuten ermöglicht wird. Mit der integrierten Druckfeder können nach definierter z-Positionierung des Werkzeuges mit dem Industrieroboter erforderliche Druckkräfte in der Phase I aufgebracht werden.

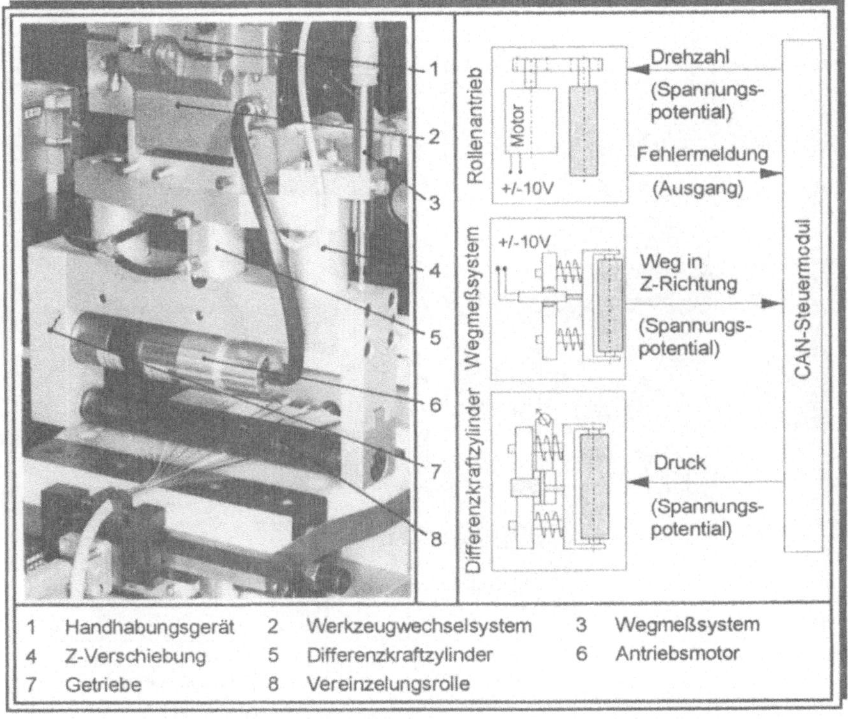

1	Handhabungsgerät	2	Werkzeugwechselsystem	3	Wegmeßsystem
4	Z-Verschiebung	5	Differenzkraftzylinder	6	Antriebsmotor
7	Getriebe	8	Vereinzelungsrolle		

<u>Bild 7.2:</u>   Aufbau des Vereinzelungswerkzeuges

Zur permanenten Überwachung des Vereinzelungsvorgangs wird die Auslenkung der Rolle in z-Richtung mit einem Wegmeßsystem nach dem Induktions-Prinzip gemessen. Eine Auflösung von 0,1 mm ist hier ausreichend. Bei Überschreiten eines zulässigen Toleranzbereiches wird der Vorgang sofort abgebrochen. Dadurch ist es möglich, die Fehlversuche beim Vereinzeln in später durchzuführenden Versuchen zu dokumentieren. Der Signalfluß zwischen Werkzeug und Steuerung ist im Bild ersichtlich. Die Informationen werden in Form von 24 V- Signalen für diskrete Zustandsänderungen und analogen Spannungspotentialen (+/- 10 V) bei Drehzahlvorgaben und Wegmessung übertragen.

7.2.2   Identifikationseinrichtung

Die im **Bild 7.3** dargestellte Identifikationseinrichtung dient zur Identifikation und Zuordnung der Adern. Um die Kontaktierkräfte bei hoher Aderzahl so gering wie möglich zu halten, werden Kontaktiernadeln mit einem Durchmesser von 1,2 mm und einem Spitzenwinkel von 30° eingesetzt. In Versuchen wurde eine erforderliche Stechkraft von 25 N pro Ader ermittelt.

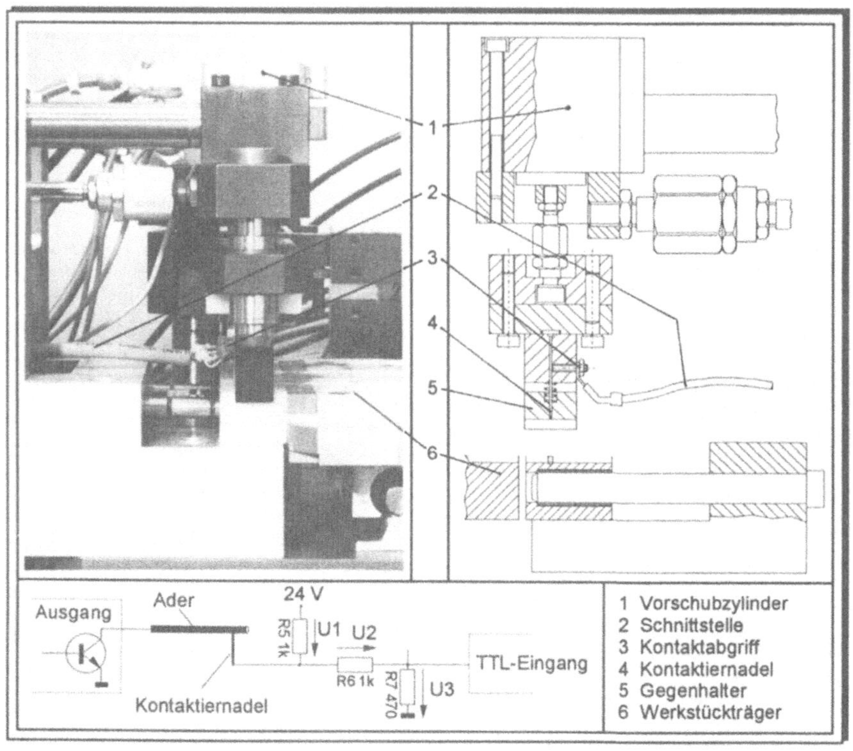

Bild 7.3:   Aufbau der Identifikationseinrichtung

Die übertragenen Signale werden direkt an der Nadel erfaßt und der Steuerung übermittelt. Die Vorschaltung von Widerständen bringt die Ausgangssignale der Steuerlogik auf das erforderliche Spannungspotential der Auswertelogik. Der Abstreifer verhindert, daß die Adern beim Rückzug der Nadeln aus den Nuten gezogen werden.

7.2.3 Kontaktier- und Prüfeinrichtung

Kontaktier- und Prüfeinrichtung (Bild 7.4) sind in einer Station integriert und umfassen die Funktionen Anschlagen der Adern an den jeweiligen Schneidklemmkontakt sowie anschließendes Prüfen der Polarität.

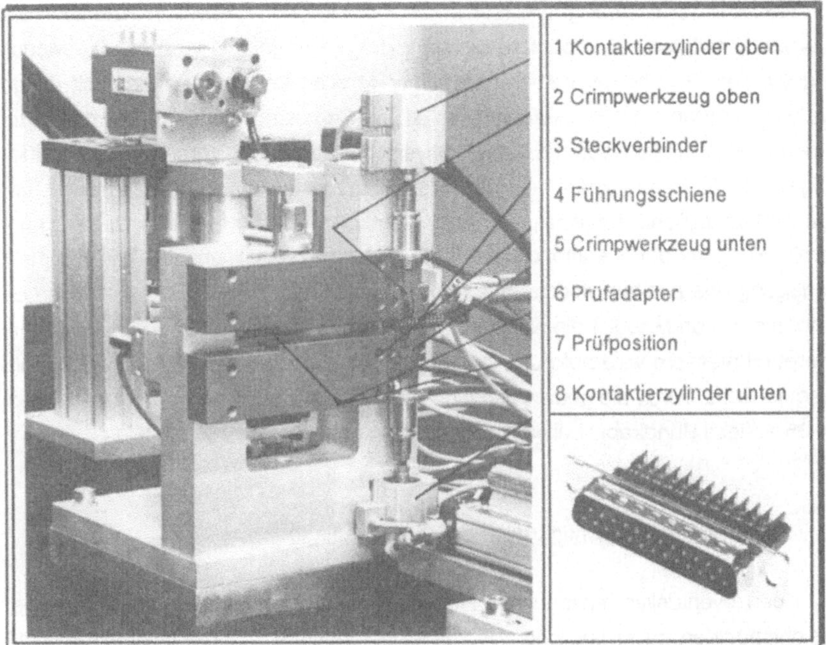

Bild 7.4: Aufbau der Kontaktier- und Prüfstation

Die erforderliche Anschlagkraft von 140 N für einen Aderquerschnitt von 0,25 mm^2 wird durch einen Pneumatikzylinder erzeugt. Durch einen im Anschlagwerkzeug integrierten Mitnehmer wird der Steckverbinder mit jedem Anschlaghub um eine Polkammerposition weitergetaktet. Durch wahlfreies Abgreifen vom Werkstückträger wird der Steckverbinder nach Sortierstrategie IV sequentiell bestückt.

Nach automatischer Positionierung der Steckverbinder in der Prüfeinrichtung werden die entsprechenden Prüfadapter aufgesteckt und somit ein geschlossener Stromkreis gebildet. Die über die Ein- und Ausgangskarten der Steuerung empfangenen und gesendeten Signale werden ausgewertet und mit der Soll-Steckerbelegung verglichen. Bei einer eventuellen Verpolung erscheint ein Fehlersignal auf der Benutzeroberfläche. Sämtliche Systemzustände der gesamten Pilotanlage werden durch Sensoren abgefragt.

7.2.4 Modulare Werkstückträgerelemente

Zur flexiblen Terminierung unterschiedlicher Kabeltypen bezüglich Aderzahl und Aderquerschnitt werden modulare Werkstückträgerelemente eingesetzt. Die Module sind auf dem Basisträger der Transfereinheit arretiert und können jederzeit ausgewechselt werden. Der Werkstückträger ist im Gegensatz zu den drei definierten Vereinzelungsphasen aus nur zwei physisch getrennten Vereinzelungsmodulen aufgebaut. Dadurch wird eine hohe Flexibilität bezüglich Aderdurchmesser und Aderzahl ermöglicht. Vereinzelungsmodul 1 entspricht der Vereinzelungsphase I und Vereinzelungsmodul 2 entspricht der Vereinzelungsphase II und III. Bei maximaler Auslegung des zweiten Moduls, d.h. maximaler Aderzahl, kann durch Einstellen der Nutbreite b_N von Modul 1 die Aderzahl beliebig variiert werden. Bei unterschiedlichen Aderdurchmessern wird aufgrund der durchmesserspezifischen Nuten das Modul 2 ausgetauscht. Durch die geometrischen Abmaße der Werkstückträger ist es möglich, ein 35-adriges Rundkabel bei einem Rastabstand von 5 mm zu vereinzeln.

7.3 Steuerungskonfiguration der Gesamtanlage

Um einen eventuellen Ausbau der Pilotanlage auch unter steuerungstechnischen Gesichtspunkten zu ermöglichen, wurde eine modulare Steuerungsstruktur implementiert. Sämtliche Funktionen lassen sich drei Hauptebenen zuordnen:

- Eingabe- und Verwaltungsebene,
- Steuerungsebene und
- Prozeßebene.

Die hierarchische Struktur läßt ein schnelles Anpassen von Änderungen auf allen drei Ebenen durch klare Schnittstellendefinition zu (Bild 7.5). Der Industrieroboter, die Werkzeuge sowie die Peripheriekomponenten sind mit ihren Aktoren und Sensoren auf der Prozeßebene angesiedelt. Die funktionalen Abläufe werden auf der Steuerungsebene mit Ablaufprogrammen gesteuert. Ausgehend von der Zielsetzung, unterschiedliche Handhabungsgeräte verwenden zu können, wird die Robotersteuerung autark eingesetzt. Die Kommunikation mit der übrigen Steuerung findet durch eine 'Master-Slave'-Beziehung im 'Handshake'-Verfahren statt. Hier werden auf unterster Ebene Ein-/Ausgangssignale ausgetauscht. Controller-Area-Network (CAN) ist ein Steuerungskonzept auf Basis einer Mehrprozessorsteuerung mit Netzkommunikation. Mit Hilfe der benutzerfreundlichen Programmiersprache MCL (Machine Control Language) werden sämtliche Prozeßabläufe in Hochsprachenform programmiert.

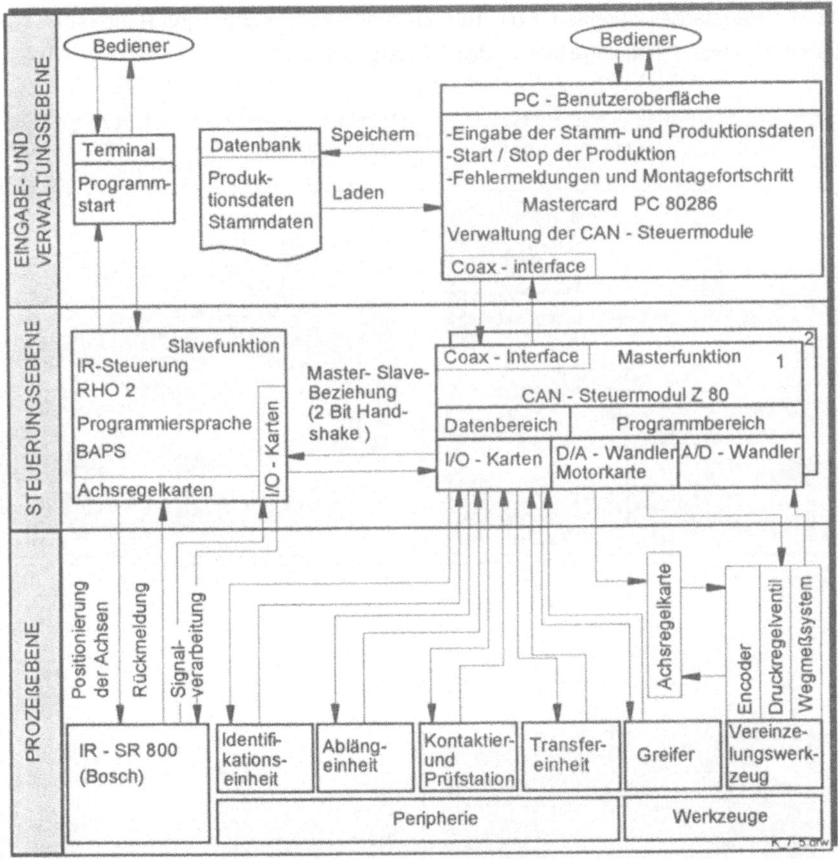

<u>Bild 7.5:</u>   Steuerungsstruktur der Pilotanlage

Durch zusätzliche Steuermodule können beliebige Anlagenerweiterungen ohne Veränderung der Grundstruktur realisiert werden. Über Achsregelkarten, Ein-/Ausgangskarten, Motorkarten und D/A - A/D-Wandler wird direkt auf die Elemente der Prozeßebene zugegriffen. Die vom Bediener eingegebenen Stamm- und Produktionsdaten werden über ein koaxiales Interface dem CAN-Steuermodul übermittelt. Die im PC-AT integrierte Mastercard übernimmt die Verwaltung der unterschiedlichen CAN-Module im Netzbetrieb.

7.4 Montageablauf

Die vier Hauptarbeitsschritte für die Terminierung eines hochpoligen Rundkabels mit der entwickelten Pilotanlage sind in Bild 7.6 dargestellt.

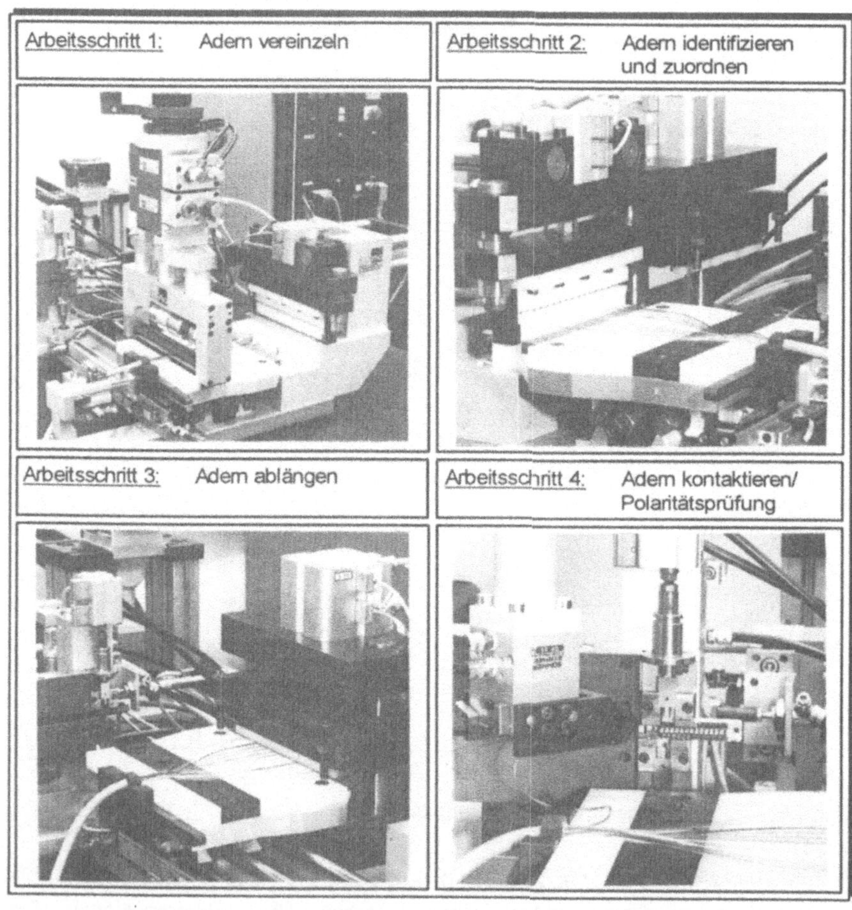

Bild 7.6:   Montageinhalte der Pilotanlage

Die detaillierten Montageabläufe sehen wie folgt aus:

- Die bereits abgemantelten Kabelenden werden auf dem Werkstückträger durch Zwangsklemmung fixiert und in der Station 1 bereitgestellt.
- Mit dem Vereinzelungswerkzeug werden die Adern beider Kabelseiten nacheinander vereinzelt und positioniert.
- In der gleichen Station werden durch Zustellung der Identifikationseinrichtung sämtliche Einzeladern identifiziert und dem jeweiligen zweiten Ende zugeordnet.
- Beide Werkstückträger werden durch Positionierung der Transfereinheit in die Station 2 gefahren.
- In der Station 2 werden sämtliche Adern auf gleiches Längenniveau abgelängt.
- Die Adern werden nach einem Werkzeugwechsel, der zeitlich parallel zur Identifikation ausgeführt wird, wahlfrei gegriffen und in der 90°-versetzten Kontaktierstation sequentiell am Steckverbinder montiert.
- Der Steckverbinder wird nach der Bestückung in die Prüfstation weitergetaktet.
- In der Prüfstation wird der Kabelsatz auf richtige Polarität geprüft.
- Der geprüfte Kabelsatz wird aus der Prüfstation manuell entnommen.

7.5   Versuchsergebnisse

Mit der Pilotanlage wurden insgesamt 1600 Kabelsätze beidseitig montiert. Dabei konnten im Laufe der Versuchsreihen die Ablaufprogramme im Hinblick auf minimale Montagezeiten optimiert, auftretende Fehler dokumentiert und anschließend analysiert werden.

7.5.1   Taktzeitanteile wichtiger Funktionen

Eine weitgehende Analyse der Montagezeiten zeigt Bild 7.7. Die relativ hohe Gesamttaktzeit der Anlage ist auf die sequentielle Abarbeitung der vom Industrieroboter durchgeführten Arbeitsschritte zurückzuführen. Durch Einsatz eines Doppelarmroboters lassen sich die Montagezeiten durch Parallelisierung der Arbeitsschritte um nahezu 50 % reduzieren. Die ermittelten Montagezeiten liefern Anhaltswerte für die Planung eines flexibel automatisierten Montagesystems zur Terminierung hochpoliger Rundkabel.

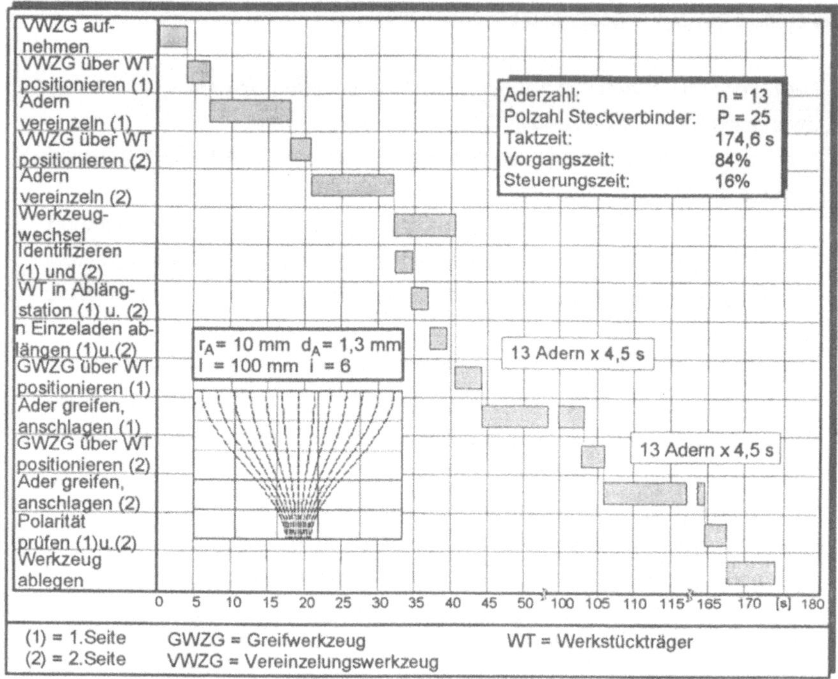

Bild 7.7:   Analyse der Montagezeiten (13-adriges Rundkabel)

7.5.2   Fehlerhäufigkeit und Störungen

Um die Verfügbarkeit der entwickelten Teilsysteme und des Gesamtsystems zu bestimmen, wurden die auftretenden Fehler eingehend analysiert, so daß Maßnahmen
zur Optimierung des Montageablaufs eingeleitet werden können. Die wichtigsten an-
gefallenen Störungen sind in **Bild 7.8** zusammengefaßt.

Die häufigsten Fehler während des Vereinzelns der Adern treten beim Übergang von
Phase I zur Phase II auf. Durch hochpräzise Bearbeitung des Werkstückträgers im
Übergangsbereich werden diese Fehler vermieden. Bei einem industriellen Einsatz
sollten harte Werkzeugstähle mittels hochgenauem Erodierverfahren bearbeitet
werden. Durch Optimierung der Translationsgeschwindigkeit sowie des Geschwin-
digkeitsverhältnisses konnten die Fehler in der Phase III eliminiert werden.

Die Fehlkontaktierungen am Steckverbinder konnten durch Optimierung der Teach-Punkte vor der Polkammer und einer Minimierung des Aderüberstandes am Greifer weitgehend beseitigt werden.

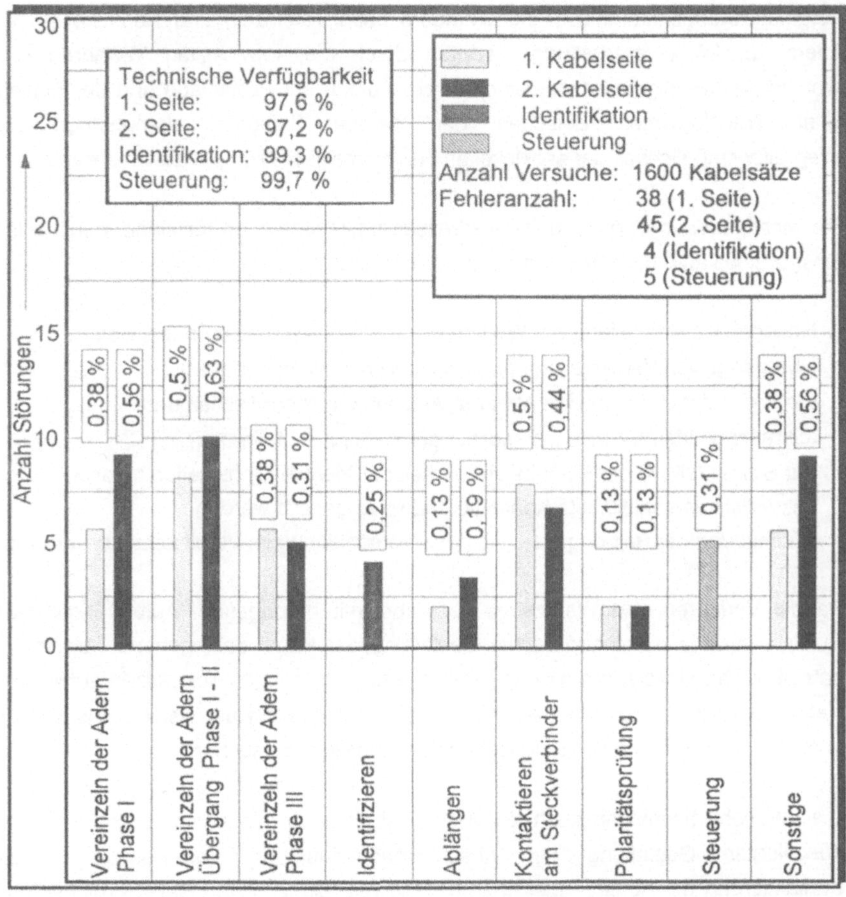

<u>Bild 7.8:</u>   Häufigkeitsverteilung angefallener Störungen

Unter sonstige Fehler sind Ausfälle von Peripheriekomponenten wie Ventile, Zylinder, Sensoren usw. zu verstehen.

7.6 Folgerungen aus den Versuchsergebnissen

Die Versuchsergebnisse bestätigen die Einsetzbarkeit einer Anlage zur flexibel automatisierten Terminierung hochpoliger Rundkabel. Die bisherigen technischen Automatisierungshemmnisse, insbesondere beim Vereinzeln und Bereitstellen der Adern zur Weiterverarbeitung, konnten durch die entwickelten Verfahren und Werkzeuge beseitigt werden. Der modulare Aufbau der Pilotanlage und der Einsatz einer Transfereinheit zwischen den beiden Stationen demonstriert die Integrationsmöglichkeit der entwickelten Teilysteme in ein komplexes Liniensystem.

Die wichtigsten und notwendigen Verbesserungsmaßnahmen für einen industriellen Einsatz eines automatischen Montagesystems sind:

- Hochpräzise Herstellung der Werkstückträgermodule, insbesondere des Übergangs von Vereinzelungsphase I zur Vereinzelungsphase II.
- Die Breite der Nuten muß in Abhängigkeit der kabelspezifischen und toleranzbehafteten Aderdurchmesser genau festgelegt werden.
- Zur Sicherstellung der Funktionssicherheit der Identifikationsstation müssen besonders verschleißfeste Kontaktiernadeln eingesetzt werden.
- Minimierung der Reibungsverluste der z-Verschiebung im Vereinzelungswerkzeug.

Da die Verfahren und Werkzeuge für Kabel mit homogenem Aufbau entwickelt wurden, ist eine montagegerechte Gestaltung der Kabel dahingehend notwendig, daß sämtliche Einzeladern gleiche Durchmesser mit geringen Toleranzen aufweisen. Nach Meinung von Experten aus der Branche ist dies bis auf wenige Ausnahmen unter Berücksichtigung der elektrischen Funktionalität realisierbar.

Die Versuche bestätigen auch die Wichtigkeit einer für die automatische Montage ausgelegten Gestaltung der Anschlußgeometrie als Voraussetzung einer Kontaktierung mit hoher Fügesicherheit. Die hier eingesetzten Steckverbinder des Typs HDE-20 sind insbesondere aufgrund der Schneidklemmtechnik als montagefreundlich zu bezeichnen.

Die Terminierung hochpoliger Rundkabel wird bei der industriellen Herstellung von Kabelsätzen heute noch manuell durchgeführt. Durch die in vielen Bereichen zunehmende Signal- und Datenverarbeitung jeglicher Form wird aufgrund der in der manuellen Montage vorhandenen langen Durchlaufzeiten und hohen Lohnkostenanteile ein großes Rationalisierungspotential in der automatischen Terminierung hochpoliger Rundkabel gesehen.

Neben den organisatorischen Automatisierungshemmnissen wie hohe Typen- und Variantenvielfalt, geringe Stückzahlen und kurze Produktlebenszyklen, sind fehlende gerätetechnische Lösungen aufgrund des biegeschlaffen Verhaltens des Kabels und der Einzeladern als wichtigste Gründe für den bisherigen Verzicht auf einen Einsatz entsprechender Systeme in der industriellen Produktion zu nennen.

Ziel dieser Arbeit war die systematische Erarbeitung von wissenschaftlichen Grundlagen und Lösungen sowie die Konzeption und Entwicklung von Verfahren, Werkzeugen und Vorrichtungen zur Realisierung einer Höherautomatisierung in der Kabelsatzmontage. Dabei sollen Kabel mit möglichst hoher Aderzahl bei minimaler Abmantellänge montiert werden.

Nach eingehender Analyse der Kabelsatzkomponenten, Anschlußgeometrie und Montagevorgänge mit relevanten Teilverrichtungen sowie wichtiger Produktionskenngrößen wie Montagezeiten und auftretende Fehler konnten Anforderungen an ein flexibel automatisiertes Montagesystem zur Terminierung hochpoliger Rundkabel aufgestellt und notwendige Entwicklungsschwerpunkte definiert werden. Als Basis für eine automatische Terminierung wurde ein Verfahren für das Vereinzeln und Bereitstellen der Adern entwickelt. Weitere Schwerpunkte lagen in der Identifikation und dem Sortieren der Einzeladern. Zur experimentellen Untersuchung der Verfahren und Verifizierung der theoretischen Grundlagen wurden Versuchträger entwickelt und gebaut, mit denen prozeßspezifische Einflüsse als Basis einer späteren konstruktiven Gestaltung der Werkzeuge und Vorrichtungen in einer Reihe von Versuchen ermittelt werden konnten.

In Abhängigkeit der ausgewählten Verfahren zur Lösung der technisch kritischen Teilsysteme und daraus resultierenden Randbedingungen bezüglich der Auslegung eines Montagesystems wurden branchen- und produktorientierte Gesamtsystemalternativen konzipiert. Wichtige Merkmale, nach denen die Varianten klassifiziert

wurden, sind Flexibilität, Ausbringung, technisches und organisatorisches Systemprinzip und mögliche Anwendungsbereiche.

Für das Vereinzeln der Adern aus dem Kabelverbund wurde das Einlegen der Adern
in Nuten eines Werkstückträgers mit einer Vereinzelungsrolle als beste Lösung ausgewählt. In der theoretischen Betrachtung wurde der Vereinzelungsvorgang in drei
Phasen eingeteilt, so daß durch eine wissenschaftliche Vorgehensweise die Möglichkeiten und Grenzen des entwickelten Verfahrens aufgezeigt werden konnten. Sämtliche nachfolgenden Untersuchungen basierten auf diesem Phasenmodell. In der
Vereinzelungsphase I werden die Adern parallel nebeneinander angeordnet, so daß
diese am Phasenübergang I/II durch einen stetigen oder unstetigen Einlauf zwangs-
geführt in jeweils eine Nut eingelegt werden können. Der Verlauf jeder einzelnen Nut
in den Phasen II und III wird mit einer mathematischen Funktion, der sogenannten
Nutfunktion, beschrieben. In Abhängigkeit dieser Nutfunktion können die geometrischen Parameter wie Länge des Werkstückträgers und Rastabstand der Adern am
Ende der Phase III beliebig variiert werden. Dadurch wird letztendlich die erforderliche
Abmantellänge festgelegt.

Zur Ermittlung von Einflußfaktoren auf den Vereinzelungsprozeß wurden unterschiedliche experimentelle Untersuchungen mit entwickelten Versuchsträgern durchgeführt.
Neben den erforderlichen Rückzugs- und Druckkräften in der Phase I wurde der
kritsche Nutwinkel, eine entscheidende Größe zur Auslegung des Werkstückträgers
in Abhängigkeit von Nutkrümmung, Aderdurchmesser, Geschwindigkeitsverhältnis
von Translations- und Rotationsbewegung der Rolle, der Aderisolation sowie des
Werkstoffes des Werkstückträgers ermittelt.

Da der kritsche Nutwinkel bei geringer Krümmung der Nut zwar größer ist, der
Werkstückträger und somit die notwendige Abmantellänge des Kabels zur Erreichung eines gewünschten Rastabstandes jedoch länger wird, wurde eine optimale
mathematische Funktion ausgewählt und eine Methode zur analytischen Auslegung
eines Werkstückträgers entwickelt. Mit Hilfe einer rechnerunterstützten Optimierung
ist es dem Anwender möglich, die NC-Daten zur Herstellung eines Werkstückträgers
für eine gewünschte Aderzahl in kürzester Zeit zu ermitteln.

Um die Adern in der richtigen Reihenfolge an der Anschlußstelle mit definierter Anschlußgeometrie kontaktieren zu können war es notwendig, ein Verfahren sowie eine
entsprechende Vorrichtung für das Identifizieren und Zuordnen beider Kabelseiten zu
entwickeln. Mit Hilfe einer Durchgangsmessung und eines elektronischen Identifikati-

onsmoduls ist es möglich, eine theoretisch unbegrentzte Anzahl von Adern zu identifizieren. Die Aderfarbe spielt bei diesem Verfahren keine Rolle.

Das Sortieren der Adern ist durch einen hohen Anteil an der Gesamttaktzeit gekennzeichnet. Deshalb wurden die Taktzeiten von fünf konzipierten Sortierstrategien, die je nach Anschlußgeometrie zum Einsatz kommen, theoretisch und parametrisiert aufgestellt. Die zur Planung einer Montageanlage wichtigen, tatsächlich anfallenden Handhabungszeiten können anhand der dynamischen Kennlinie des ausgewählten Handhabungsgerätes genau berechnet werden. In Anlehung an die Strategie III wurde ein Revolvergreifer entwickelt, gebaut und getestet, der das Speichern von bis zu 20 Adern und anschließendes Sortieren ermöglicht.

Insbesondere in der Daten- und Kommunikationstechnik nehmen die Anforderungen an die Signallaufzeittoleranzen aufgrund erhöhter Verarbeitungsgeschwindigkeiten zu. Die verursachenden Längendifferenzen der Adern aufgrund der internen Verseilung und der Bogenlängendifferenzen der Nutfunktionen wurden theoretisch berechnet und für den Ausgleich ein Verfahren konzipiert.

Die entwickelten Werkzeuge und Vorrichtungen wurden schließlich in einer Pilotanlage zur automatischen Terminierung hochpoliger Rundkabel integriert, so daß die technische Machbarkeit der automatischen Montage eines Kabelsatzes mit einem exemplarischen Steckverbinder bestätigt werden konnte. Der Vereinzelungsprozeß wird durch ein im Werkzeug integriertes Wegmeßsystem ständig überwacht.

Anhand von Versuchen war es möglich, die Ursachen auftretender Fehler zu analysieren. Diese lagen im Schwerpunkt in Fertigungstoleranzen bei der Herstellung der Werkstückträgermodule. Mit Durchführung der aufgezeigten Verbesserungsmaßnahmen der Einzelprozesse, einer automatisierungsgerechten Gestaltung der Einzelteile und durch entsprechende Auswahl eines der konzipierten Gesamtsysteme ist in Zukunft mit einer Höherautomatisierung im Bereich der Kabelsatzmontage zu rechnen.

/1/   Muno, H.;   Aufgaben und Leistungen der Rationali-
        Knörr, B.:   sierungsbranche Montage, Handhabung,
                            Industrieroboter.
                            In: ZwF 86 (1991) Nr. 4, S.171-173

/2/   Abele, E.; u.a.:   Studie zur Untersuchung der Einsatz-
                            möglichkeiten von flexibel automatisierten
                            Montagesystemen in der industriellen
                            Produktion (Montagestudie).
                            Düsseldorf: VDI-Verlag, 1984

/3/   Milberg, J.:   Montage - Rationalisierungspotential der
                            Zukunft.
                            In: Tagungsband "7. Deutscher Montage-
                            kongress", München, 1987, S. 1/20

/4/   Warnecke, H.-J.;   Ordnung im Kabelsalat.
        Cramer, R.:   In: Maschinenmarkt 99 (1993) Nr. 12,
                            S. 24-27

/5/   Schweizer, M.;   Lösungen fehlen - Marktanalyse
        Emmerich, H.;   Konfektion mehradriger Kabel.
        Cramer, R.:   In: Industrieanzeiger 114 (1992) Nr. 53,
                            S. 48-49

/6/   Schweizer, M.:   Just-In-Time mit Montageautomaten.
                            In: Technica 40 (1991) Nr. 7, S. 14-19

/7/   Schweizer, M.:   Roboterbranche mit Rückenwind.
                            Aktuelle Roboterstatistik in Deutschland
                            1992.
                            In: Roboter 11 (1993) Nr. 4, S. 10-12

/8/   Hoßmann, J.;   Montage nicht formstabiler Bauteile:
        Dirndorfer, A.:   Know-How-Frage.
                             In: Die Neue Fabrik - Denkmodelle und
                             Pilotanlagen - 1991: Beiträge aus der
                             Forschung für die Produktion von morgen.
                             Landsberg: moderne Industrie, 1991,
                             S. 126-128

/9/   Frankenhauser, B.:   Montage von Schläuchen mit Industrie-
                             robotern.
                             Berlin: Springer, 1988.
                             Zugl. Stuttgart, Universität, Diss., 1988

/10/   Spies, B.:   Handling biegeschlaffer Teile.
                             Vortrag bei CCK-Seminar
                             Montageautomatisierung. Kaiserslautern,
                             1991

/11/   Wößner, J.:   Automatische Montage von O-Ringen.
                             Berlin: Springer, 1993.
                             Zugl. Stuttgart, Universität, Diss., 1993

/12/   Fichtmüller, N.;   Richtschnur für Handling von Dichtschnur.
        Hoßmann, J.;   In: Roboter 10 (1992) Nr. 1 S. 34-37
        Kugelmann, F.:

/13/   Hoßmann, J.:   Methodik zur Planung der automatischen
                             Montage von nicht formstabilen Bauteilen.
                             Berlin u.a.: Springer, 1992.
                             Zugl. München, Techn. Univ., Diss. 1991

/14/   Schlaich, G.:   Kabelbaummontage mit Industrierobotern.
                             Berlin: Springer, 1988.
                             Zugl. Stuttgart, Universität, Diss., 1988

/15/   Gweon, D.:   Fügen von biegeschlaffen Steckkontakten
                             mit Industierobotern.
                             Berlin u.a.: Springer, 1987.
                             Zugl. Universität Stuttgart, Diss., 1987

/16/   Emmerich, H..   Flexible Montage von Leitungssätzen mit
                                Industrierobotern.
                                Berlin: Springer, 1992.
                                Zugl. Stuttgart, Universität, Diss., 1992

/17/   Reinhart, G.:   Flexible Automatisierung der Konstruktion
                                und Fertigung elektrischer Leitungssätze.
                                Berlin u.a.: Springer 1988.
                                Zugl. München, Univ. Diss., 1987

/18/   Glaas, W.:   Rechnerintegrierte Kabelsatzfertigung.
                                Berlin: Springer, 1992.
                                Zugl. München, Techn. Univ., Diss., 1992

/19/   Norm   VDI 2860 05.90:
                                Montage- und Handhabungstechnik:
                                Handhabungsfunktionen, Handhabungs-
                                einrichtungen, Begriffe, Definitionen,
                                Symbole

/20/   Norm   DIN 8593 T.0 09.85:
                                Fertigungsverfahren Fügen

/21/   Walther, J.:   Montage großvolumiger Produkte.
                                Berlin: Springer, 1985.
                                Zugl. Stuttgart, Universität, Diss., 1985

/22/   Norm   DIN 41639 T.2 03.76:
                                Elektrisch-mechanische Bauelemente,
                                Steckverbindungen und Fassungen

/23/   Norm   DIN IEC 352 T.2 04.92:
                                Lötfreie elektrische Verbindungen,
                                Crimpverbindungen

/24/   Norm   DIN 41611 T.6 12.85:
                                Lötfreie elektrische Verbindungen,
                                Schneidklemmverbindungen, Begriffe,
                                Kennwerte, Anforderungen, Prüfungen

/25/   Norm   DIN VDE 0881 03.86:
                                      Schaltdrähte und Schaltlitzen mit erwei-
                                      tertem Temperaturbereich für Fernmelde-
                                      anlagen und Informationsverarbeitungs-
                                      anlagen

/26/   Institute of Electrical   IEC Multilingual dictionary of electricity:
        and Electronics Engi-   with terms in nine languages and definitions
        neer; International Elec-   in English.
        tronical Commission: New York, USA: Wiley, 1983

/27/   Cramer, R.:   Ergebnisse der Marktanalyse zum Stand
                                      der Technik in der Kabelkonfektion.
                                      Unveröffentlichte Studie, 1992,
                                      Fraunhofer-Gesellschaft, IPA Stuttgart

/28/   Emmerich, H.;   Neues Rationalisierungspotential
        Koller, S..   auschöpfen.
                                      In: Schweizer Maschinenmarkt 92 (1992),
                                      Nr. 39, S. 20-23

/29/   N.N.:   Automobilelektronik: Automobil-Tagung,
                                      29.-30. Januar 1992, Augsburg.
                                      Landsberg: publikationsgesellschaft
                                      moderne industrie, 1992

/30/   VDI: Fachtagung Elektronische und optische
                                      Verbindungstechnik, München, 18.-19.
                                      Februar 1993. Düsseldorf: VDI-Verlag, 1993

/31/   Kastner, P.:   Entwicklungen bei Steckverbindern und
                                      Flachbandleitungen.
                                      In: e (1986) Sonderausg. Nov., S. 41-44

/32/   N.N.:   Miniaturisierte Delta-Ribbon-Verbinder.
                                      In: EPP (1992) Nr. 5, S. 38

/33/   Hunter, S.:   High-speed data cables.
                                      In: Engineering 229 (1986) Februar, S. I-III

/34/   Schweizer, M.;   Optische Nerven für Industrieroboter. LWL
        Weisener, T.:   sichern Datenübertragung und befreien
                                Roboter von Schleppkabeln.
                                In: Elektronik 40 (1991) Nr. 24,
                                S. 102-107

/35/   Kalocay, R.:   Gemessen und bewertet. Störspannungen
                                an Steuerleitungen.
                                In: Elektrotechnik 74 (1992) Nr. 6,
                                S. 34-41

/36/   Birmelin, M.:   Automatisieren leicht gemacht.
                                In: KEM 28 (1991) Mai, S. 74-75

/37/   Kalocay, R.:   Störfrei und schnell.
                                In: Elektrotechnik 74 (1992) Nr. 7/8
                                S. 16-23

/38/   N.N.:   Kabel-Los. CAN - ein flexibles Steuer-
                                konzept.
                                In: Elektronik Praxis 26 (1992) Nr. 16,
                                S. 32-38

/39/   N.N.:   Kabelbäume abspecken.
                                In: Automobil-Elektronik (1991) April,
                                S. 44-45

/40/   Dillenburg, R.;   Multiplexsystem als Kabelbaumersatz im
        Heintz, F.;   Kraftfahrzeug.
        Zabler, E.:   In: Bosch - technische Berichte 5 (1975)
                                Nr.2, S. 91-96

/41/   Norm   DIN 72551 Bl.4 04.51:
                                Elektrische Leitungen: Farbkennzeichnung
                                der Leitungen

/42/   Löhr, H.G.:   Eine Planungsmethode für automatische
                                   Montagesysteme.
                                   Mainz: Krausskopf, 1977.
                                   Zugl. Stuttgart, Universität, Diss., 1977

/43/   Bullinger, H.-J.:   Systematische Montageplanung.
                                   Handbuch für die Praxis.
                                   München, Wien: Hanser, 1986

/44/   Norm   DIN 8505 T.1 05.79:
                                   Löten: Allgemeines und Begriffe,

/45/   Norm   DIN 8505 T.2 05.79:
                                   Löten: Einteilung der Verfahren, Begriffe

/46/   Norm   DIN 8505 T.3 01.83:
                                   Löten: Einteilung der Verfahren nach
                                   Energieträgern. Verfahrensbeschreibungen

/47/   Beitz, W.;   Dubbel - Taschenbuch für den Maschinen-
         Küttner, K.-H.:   bau.
                                   16., korrigierte und ergänzte Auflage.
                                   Berlin: Springer, 1987

/48/   Norm   DIN ISO 6722 T.3 08.87:
                                   Elektrische Leitungen mit Kunststoffhülle

/49/   Bronstein, I.N.;   Taschenbuch der Mathematik.
         Semendjajew, K.A.:   24. Auflage.
                                   Thun, Frankfurt/Main: Deutsch, 1989

/50/   Grella, G..   Drahtkontaktierungsmethoden und Steck-
                                   verbinder aus der Sicht der Verdrahtungs-
                                   technologie. Vortrag an der Technischen
                                   Akademie Esslingen, 1984

/51/   Schraft, R.D.:   Systematisches Auswählen und
                                   Konzipieren von programmierbaren
                                   Handhabungsgeräten.
                                   Mainz: Krausskopf 1976.
                                   Zugl. Stuttgart, Universität, Diss., 1976

/52/   Warnecke, H.-J.;   Industrieroboter.
         Schraft, R.D.:   Berlin u.a.: Springer, 1990

/53/   Herrmann, G.:   Analyse von Handhabungsvorgängen im
                                   Hinblick auf deren Anforderungen an
                                   programmierbare Handhabungsgeräte
                                   (PHG) in der Teilefertigung.
                                   Stuttgart, Universität, Diss., 1976

/54/   Schöninger, J.:   Planung taktzeitoptimierter flexibler
                                   Montagestationen.
                                   Berlin: Springer, 1989
                                   Zugl. Stuttgart, Universität, Diss., 1988

/55/   Müller-Merbach, H.:   Optimale Reihenfolgen.
                                   Berlin, Heidelberg: Springer, 1974

/56/   Schraft, R.D.:   Automatisierung in der Montage- und
                                   Handhabungstechnik.
                                   Vorlesungsumdruck.
                                   Stuttgart, Universität, Institut für Industrielle
                                   Fertigung und Fabrikbetrieb1992

/57/   N.N.:   Schneidklemm-Technik: Höhere Wirt-
                                   schaftlichkeit mit weniger Arbeitsgängen.
                                   In: Industrie-Elektrik und Elektronik 26
                                   (1981) Nr. 8/9, S. 36-37

/58/   Ulbricht, H.:   Erfahrungen mit der Schneidklemmtechnik
                                   aus der Sicht eines Meßgeräteherstellers.
                                   Vortrag, Technische Akademie Esslingen,
                                   1984

Lebenslauf

Persönliches: Ralf Cramer

	geboren am:	12.02.1966
	in:	Ludwigshafen/Rhein
	wohnhaft:	Nikolausstr. 3, 70190 Stuttgart
	Familienstand:	ledig
	Eltern:	Willy Cramer Gerda Cramer, geb. Grundmann

Schulbildung:

1972 – 1976	Grundschule Limburgerhof
1976 – 1985	Gymnasium Schifferstadt
Juni 1985	Allgemeine Hochschulreife

Studium:

10/1985 – 09/1987	Maschinenbaustudium an der Universität Kaiserslautern
10/1987 – 08/1990	Maschinenbaustudium an der Universität Stuttgart

Praktikum:

07/1985 – 09/1985	Grundpraktikum bei der Firma Daimler-Benz AG, Mannheim
07/1989 – 09/1989	Fachpraktikum bei der Firma Truck-Panels LTD, Leek, England

Berufstätigkeit:

seit 01.12.1990	Wissenschaftlicher Mitarbeiter am Fraunhofer-Institut für Produktionstechnik und Automatisierung (IPA), Stuttgart Leitung: Prof. Dr.-Ing. H.J. Warnecke
seit Juni 1994	Gruppenleiter in der Abteilung Industrieroboter und Montagesysteme